职业院校增材制造技术专业系列教材

增材制造技术基础

主　编　周登攀　艾　亮
副主编　李　奎　张艺潇　李泽敬　陈　琛
参　编　褚南峰　刘怀兰　高明怡　高　燕
　　　　陈　剑　尹承源　谭　倩　张彦锋
　　　　段晓霞　宣国强　沈国强　张腾腾
　　　　陆军华　肖方敏　朱晶晶　何　源
主　审　付宏生　谭延科

机械工业出版社

本书由经验丰富的教师与企业工程师共同编写。本书内容选择和结构安排以增材制造技术、3D 打印技术实务、3D 打印技术的类型、3D 打印后处理、3D 打印机、3D 打印的应用、3D 打印技术发展展望、3D 打印岗位为项目载体。各项目下面按照课堂引入、相关知识、视频讲解、课堂讨论、思考与练习的顺序安排体例，系统地介绍 3D 打印技术的定义、原理、分类、现状和发展、设备组成及其在行业中的应用等。在 3D 打印技术应用案例中采用 COMET 能力模型进行职业能力测评，结构体系清晰，便于读者学习和理解。

本书可作为高职高专增材制造技术、模具设计与制造、机械设计与制造、机械制造及自动化、数字化设计与制造技术、工业设计等专业的教材，也可作为技师学院、中等职业学校等院校相关专业的教材，还可作为职业技能大赛中涉及逆向建模与产品创新设计内容的参考书，以及从事逆向工程及产品创新设计应用技术人员的培训教材或参考书。

图书在版编目（CIP）数据

增材制造技术基础/周登攀，艾亮主编. —北京：机械工业出版社，2023.8
职业院校增材制造技术专业系列教材
ISBN 978-7-111-73799-5

Ⅰ.①增…　Ⅱ.①周…②艾…　Ⅲ.①快速成型技术-职业教育-教材　Ⅳ.①TB4

中国国家版本馆 CIP 数据核字（2023）第 169588 号

机械工业出版社（北京市百万庄大街 22 号　邮政编码 100037）
策划编辑：陈玉芝　王晓洁　　责任编辑：陈玉芝　王晓洁　章承林
责任校对：薄萌钰　王　延　　封面设计：张　静
责任印制：郜　敏
北京瑞禾彩色印刷有限公司印刷
2023 年 12 月第 1 版第 1 次印刷
184mm×260mm · 8.5 印张 · 230 千字
标准书号：ISBN 978-7-111-73799-5
定价：49.90 元

电话服务　　　　　　　　　　网络服务
客服电话：010-88361066　　机　工　官　网：www.cmpbook.com
　　　　　010-88379833　　机　工　官　博：weibo.com/cmp1952
　　　　　010-68326294　　金　书　网：www.golden-book.com
封底无防伪标均为盗版　　机工教育服务网：www.cmpedu.com

职业院校增材制造技术专业
系列教材编委会

前　言

　　本书是全国行业职业技能竞赛-全国电子信息服务业职业技能竞赛——"创想杯"增材制造（3D打印）设备操作员竞赛成果转化之一。

　　2015年，国务院关于印发《中国制造2025》的通知中指出，"制造业是国民经济的主体，是立国之本、兴国之器、强国之基。"18世纪中叶开启工业文明以来，世界强国的兴衰史和中华民族的奋斗史一再证明，没有强大的制造业，就没有国家和民族的强盛。打造具有国际竞争力的制造业，是我国提升综合国力、保障国家安全、建设世界强国的必由之路。我们要实施制造强国战略，力争通过三个十年的努力，到新中国成立一百年时，把我国建设成为引领世界制造业发展的制造强国，为实现中华民族伟大复兴的中国梦打下坚实基础。

　　我国是制造业大国，3D打印技术有着巨大的市场需求和应用前景。新一代信息技术与制造业的深度融合，正在引发影响深远的产业变革，形成新的生产方式、产业形态、商业模式和经济增长点。各国都在加大科技创新力度，推动三维（3D）打印、移动互联网、云计算、大数据、生物工程、新能源、新材料等领域取得新突破。全球产业竞争格局正在发生重大调整，美国的制造业回归计划、跨国企业的投资和产业转移、传统制造业的产能过剩与衰落迹象等，是我国在新一轮发展中面临的巨大挑战。迎接挑战，实现产业转型升级和创新驱动发展战略，离不开掌握信息技术、数字化工具、智能制造技术和创新技能的专业技术人才、经营管理人才和技能人才的培养。本书的写作目的和特点可以用三个"面向"来归纳。

　　1. 面向生产实际，学习过程循序渐进

　　3D打印技术是数字化制造的一个典型实例，也是实现创新设计思想的利器。在3D打印技术的完整环节中，包含三维数字化建模技术、实体数字化技术、逆向工程与三维检测技术、3D打印数据处理技术、快速模具制造技术、3D打印工艺规划与设备操作技能、后处理技能、数字化创意设计技能等。本书对3D打印生产实际进行介绍，是后续专业课程的铺垫。

　　2. 面向基础和职教领域师资的新技术培训

　　职业教育在我国经济发展和产业转型中扮演着重要角色，企业和相关机构，十分重视技术技能型人才的培养，提升设计素养和创新能力是提升职业地位的重要砝码。本书的许多案例均来自于企业的实际生产，可作为职业院校学生进行产品创意设计训练的课题，并已在全国性师资培训中得到验证。

　　3. 面向COMET职业能力模型的学生综合职业能力培养

　　以3D打印的就业岗位中的3D打印技术应用为例，以COMET职业能力模型为基础，以典型工作任务为载体，通过设计可操作性强的评价指标，对小组学习过程和结果的相互评价数据进行统计，动态评估学生专业能力、社会能力、方法能力等综合职业能力的发展。在培养学生综合职业能力的同时，也有利于教师及时修正教学内容和方法，完善课程体系，有效驱动"教"和"学"的双向发展，帮助学生及时认知自我、发掘自身潜力、增强自信心、提升职业能力和职业素养。

本书附有拓展阅读资源，介绍了增材制造相关的先进人物和先进技术，激发学生的工匠精神和创造热情；通过对3D打印与创客的讲述，增加学生的创新意识和创业信心；通过对3D打印技术的COMET应用项目的讲解，明确学生的学习目标和就业方向，也为进一步开拓3D打印技术的产业应用范围做好铺垫。

凡使用本书作为教材的老师，可登录机械工业出版社教育服务网（http://www.cmpedu.com）免费下载本书的配套资源。

本书的编写工作具体分工如下：周登攀、朱晶晶负责编写项目1、项目4；艾亮、宣国强、刘怀兰、尹承源负责编写项目2、项目8；陈琛、张腾腾、褚南峰负责编写项目3；张艺潇、高燕、张彦锋、沈国强、何源负责编写项目5；李泽敬、段晓霞、陆军华、肖方敏负责编写项目6；李奎、高明怡、谭倩、陈剑负责编写项目7。在本书的编写过程中，得到了武汉高德信息产业有限公司、沈阳西赛尔科技有限公司、杭州中测科技有限公司的大力支持，以及株洲中车特种装备科技有限公司、深圳市创想三维科技有限公司、北京三帝打印科技股份有限公司的相关支持，在此深表感谢！同时也感谢他们在3D打印及数字制造技术的推广和应用中所做的贡献！

本书由资深专家清华大学基础训练中心顾问付宏生教授、泰安技师学院谭延科副教授担任主审，并对本书的编写提出了宝贵的建议和意见。感谢COMET职业能力测评专家广西机械工程学会副理事长梁建和教授对本书编写给予的精心指导。

由于编者水平有限，书中难免存在疏漏和不妥之处，敬请读者批评指正，以便在本书修订时予以完善。

编　者

二维码清单

名称	图形	名称	图形	名称	图形
1.1		3.1		4.3	
1.2		3.2		5.1	
1.3		3.3		5.2	
1.4		3.4		5.3	
2.1		3.5		6.1	
2.2		3.6		6.2	
2.3		4.1		6.3	
2.4		4.2		6.4	

（续）

名称	图形	名称	图形	名称	图形
6.5		7.3		8.2	
7.1		7.4		8.3	
7.2		8.1			

目　录

项目1 了解增材制造技术与3D打印

增材制造（Additive Manufacturing，AM）是指融合了计算机辅助设计、材料加工与成形技术，以数字模型文件为基础，通过软件与数控系统将专用的金属材料、非金属材料以及医用生物材料，按照挤压、烧结、熔融、光固化、喷射等方式逐层堆积，制造出实体物品的制造技术。与传统的通过切削、钻孔等方法的减材制造工艺相反，其通常制造过程是：产品利用计算机设计成形后，将其分割成一系列数字化薄型层面，这些薄型层面的信息传送到3D打印机后，3D打印机会连续地将这些薄型层面逐层"打印"出来并堆叠起来，直到形成与设计一致的三维物体。这使得过去受到传统制造方式的约束而无法实现的复杂结构件的制造变为可能，缩短产品设计与制造周期的重要支撑技术，已成为先进制造业关注的重点。

三十多年来，AM技术取得了快速的发展，"快速原型制造（Rapid Prototyping，RP）""3D打印（3D Printing）""实体自由制造（Solid Free-form Fabrication）"之类各异的叫法分别从不同侧面表达了这一技术的特点。3D打印技术是由产品三维CAD模型数据直接驱动、组装（堆积）材料单元而完成任意复杂形状三维实体的技术总称。其内涵仍在不断深化，外延也在不断发展。

【项目目标】

（1）能准确描述增材制造技术。

（2）能准确描述增材制造的过程。

【知识目标】

（1）掌握增材制造技术的特点。

（2）熟悉增材制造的流程。

（3）了解增材制造技术的发展历史。

【能力目标】

（1）能弄清增材制造方法与传统制造方法的区别与联系。

（2）能说出增材制造技术的作用。

（3）通过学习学会收集、分析、整理参考资料的技能。

【素养目标】

（1）培养学生的学习方法、学习策略和学习技能，使其能够有效地获取和整合知识。

（2）培养学生获取、评估、组织和利用信息的能力，包括信息搜索、信息筛选、信息整合和信息创新的能力。

1.1 增材制造技术概述

一、课堂引入

制造技术从制造原理上可以分为三类：第一类技术为等材制造，在制造过程中，材料仅发生了形状的变化，其质量（重量）基本上没有发生变化；第二类技术为减材制造，在制造过程中，材料不断减少；第三类技术为增材制造，在制造过程中，材料不断增加，如激光快速成形、3D打印等。等材制造已经发展了几千年，减材制造发展了几百年，增材制造仅仅有三十多年的发展史。从分类可知，增材制造技术相对于等材制造技术、减材制造技术在制造技术中有其独特的优势，是制造方式的重大突破，是现代制造技术的革命性发明。

关桥院士提出了"广义"和"狭义"增材制造的概念，"狭义"的增材制造是指不同的能量源与CAD/CAM技术结合、分层累加材料的技术体系；而"广义"增材制造则是以材料累加为基本特征，以直接制造零件为目标的大范畴技术群。如果按照加工材料的类型和方式分类，又可以分为金属成形、非金属成形、生物材料成形等。

在这三类制造技术中，彼此之间的主要区别主要体现在哪些方面呢？它们又有什么关联呢？如何更好地理解"广义"和"狭义"增材制造的概念？带着这些问题，我们一起来认识增材制造技术。

二、相关知识

1. 增材制造技术的含义

增材制造技术是20世纪80年代中期发展起来的一种高新技术，是造型技术和制造技术的一次飞跃，它从成形原理上提出分层制造、逐层叠加成形的全新思维模式，即将计算机辅助设计（CAD）、计算机辅助制造（CAM）、计算机数字控制（CNC）、激光、精密伺服驱动和新材料等先进技术集于一体，依据计算机上生成的三维模型，对其进行分层切片，得到各层截面的二维轮廓信息，增材制造设备的成形头按照这些轮廓信息在控制系统的控制下，选择性地固化或堆积一层层的成形材料，形成各个截面轮廓，并逐步顺序叠加成三维工件。

GB/T 35351—2017《增材制造　术语》对增材制造和三维打印有明确的概念定义。增材制造是以三维模型数据为基础，通过材料堆积的方式制造零件或实物的工艺。三维打印是利用打印头、喷嘴或其他打印技术，通过材料堆积的方式来制造零件或实物的工艺。增材制造流程如图1-1所示。

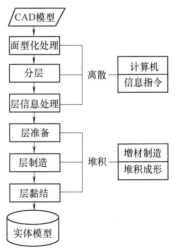

增材制造技术不需要传统的刀具、夹具及多道加工工序，利用三维设计数据通过一台设备上可快速而精确地制造出任意复杂形状的零件，从而实现"自由制造"，实现许多过去难以制造的复杂结构零件的成形，并大大减少了加工工序，缩短了加工周期。而且越是复杂结构的产品，其制造速度的优势越显著。近年来，增材制造技术取得了快速的发展，增材制造原理与不同的材料和工艺结合形成了许多增材制造设备。该技术一出现就取得了快速的发展，在消费类电子产品、汽车、航空航天、医疗、军工、地理信息、艺术设计等各领域都有广泛应用。

图1-1　增材制造流程

2. 增材制造与传统制造方法的区别

随着市场日新月异的变化和产品生命周期的缩短，传统的制造方法已不能满足新产品快速开发的要求，促使制造领域发生了巨大的变化，这就是增材制造的出现。与传统的减材制造和等材制造两种方法相比，增材制造不需要传统的工具、夹具和多重处理程序。相对于传统的、对原材料进行去除切削、组装的加工模式不同，产品结构越复杂，其制造速度越快。增材制造方法与传统制造方法的比较如图1-2所示。

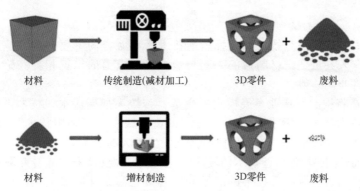

材料　　　传统制造(减材加工)　　　3D零件　　　废料

材料　　　增材制造　　　3D零件　　　废料

图1-2　增材制造方法与传统制造方法的比较

3. 增材制造与传统制造方法的关系

增材制造与传统制造方法之间的关系是相辅相成、相互补充、密不可分的。增材制造技术主要是制造样品，也就是将设计者的设计思想、设计模型迅速转化为实实在在的、看得见、摸得着的三维实体样件。

增材制造的主要是单个样件或是小批量样件，在产品创新中具有显著作用。而真正的大批量生产，包括中批量生产还是要采用传统制造方法来实现，由于在新产品开发中首先采用了增材制造技术，再采用传统制造方法进行大批量生产时，就避免了因多次试制而出现不必要的返工，从而降低了生产成本，缩短了新产品试制的时间，使新产品能够尽早上市，提高了企业对市场响应的速度，使企业在激烈的市场竞争中占得先机。

三、3D打印技术的意义

通过对增材制造技术以及增材制造技术和传统制造技术的联系与区别的了解和学习，我们已认识到增材制造技术是一项新的技术，在实际应用中，开始逐渐发挥着重要的作用。那么这项技术有什么特点？为什么要积极地发展这项技术呢？

1. 增材制造技术的特点

增材制造技术带来了世界性的制造业革命，被称为最有前景的新型生产方式，促进了传统制造业的转型升级。传统的制造设计完全依赖于生产工艺能否实现，而增材制造技术的出现颠覆了这一生产思路，使得在制造设计时不需要考虑生产工艺的问题。3D打印机如图1-3所示。

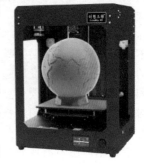

增材制造具有如下特点：

（1）数字制造　借助CAD等软件将产品结构数字化，驱动机器设备加工制造出零件。数字化文件还可借助网络进行传递，从而实现异地分散化制造的生产模式。

（2）降维制造（分层制造）　把三维结构的物体先分解成二维层状结构，逐层打印并累加形成三维实体。因此，原理上，通过增

图1-3　3D打印机

材制造技术可以制造出任何复杂的结构，而且制造过程更柔性化。

（3）堆积制造　"从下而上"的堆积方式对于实现功能梯度、非匀质材料的产品更有优势。

（4）直接制造　任何高性能、难成形的部件均可通过增材制造方式一次性直接制造出来，不需要通过组装拼接等复杂过程来实现。

（5）快速制造　增材制造制造工艺流程短、自动化程度高，可实现现场制造，因此，制造更快速、更高效。

2. 增材制造技术的意义

增材制造技术是现代信息技术和传统制造技术深度融合的重要产物，是近年来制造业的热门科技词汇，有人甚至把增材制造的兴起与蒸汽机和电力的出现相提并论，认为增材制造对制造业的影响将非同一般。

（1）增材制造将引起制造业发展模式的变革　传统大规模流水线技术正在逐渐成为制造业领域的"夕阳技术"，而3D打印技术则是制造业领域中的"朝阳技术"。增材制造正在快速改变传统的制造业发展模式，并将促使制造业发生重大的变革。

1）传统制造技术向智能制造技术的变革。进入21世纪以来，随着互联网技术的不断成熟，云计算、大数据、物联网等技术的应用和完善，尤其是伴随着人工智能技术的发展，制造技术逐渐由经验化走向科技化，由机械制造走向智能制造。作为智能制造技术的增材制造，其定制化、智能化、生态化等独特的优势将推动全社会参与式的智能制造时代的到来。增材制造的个性化设计、社会化制造、体验式消费等发展模式将使制造业逐渐由共性技术支撑的大规模制造方式，向多种高端技术支撑的定制化、智能化制造方式转变。

2）工厂制造向社会制造的变革。随着工业化进程的加速，在大部分消费者可接受的价格范围内和满足更多消费者独特需求的压力下，为消费者提供个性化产品将成为制造业越来越重要的任务。增材制造利用计算机软件设计程序和产品模板，借助互联网技术的共享功能和快速扩散效应，实现了产品制造人人参与的社会化制造，使普通民众拥有独立设计与制造简单工业产品的能力，每个人都能成为设计师、制造者，从而使定制产品与大规模生产的产品几乎不存在价格差异。

3）粗放发展向可持续发展的变革。增材制造技术改变了以往的粗放式制造方式，力图实现"从摇篮到摇篮"的可持续发展，降低生产过程的碳足迹，在促进经济发展的同时，达到保护生态环境的目的，为人们提供一种更清洁、更环保的可持续制造方法。

（2）增材制造将引起全球制造业竞争格局的改变　新一轮的工业革命浪潮对全球制造业影响深远。大规模制造和流水线生产的制造模式正在发生改变，社会化生产和个性化定制即将成为未来制造的主流。随着制造业数字化进程的加速，科技在制造业中的地位越来越重要，技术密集型产业将代替劳动密集型产业。众多发达国家以发展3D打印为重点的重振制造业计划，很有可能导致制造业主导权回流至西方国家，全球制造业将面临着重新洗牌。

（3）增材制造将成为传统制造技术的补充　随着新技术的不断发展，传统制造技术已经不能满足制造业发展的需求，而传统制造的低成本优势是在大批量制造产品的情况下才产生的，制造业未来的发展趋势是个性化定制生产。在这种情况下，增材制造就凸显出其数字化和定制化优势，在设计生产领域能降低成本，作为技术密集型技术又能增加产品的附加值。对我国而言，增材制造技术将加速制造业转型升级。但是，传统制造技术已经经历了几百年的发展和积累，形成了配套完善、功能齐全的制造体系，所以，在未来的10~20年间，增材制造技术即使发展成熟也不可能完全取代传统制造技术，但增材制造技术会成为传统制造业不断发展过程中的一种补充，或者是促进制造业不断进步的动力。

四、视频讲解

1.1

五、课堂讨论

请同学们根据自己对增材制造的理解，分组讨论以下问题：

1）可以从哪些方面了解增材制造技术？同学们之间相互提出增材制造技术相关的话题。

2）在学习增材造技术的过程中，准备采用什么样的学习方法？

3）试着用思维导图的方式对增材制造技术的相关知识进行描绘。

六、思考与练习

1）增材制造方法与传统制造方法有什么区别？

2）增材制造方法与传统制造方法有什么联系？

3）增材制造成形过程可以分为哪几个步骤？

4）增材制造技术有什么作用？

1.2　3D 打印的产生与发展

一、课堂引入

3D 打印的思想起源于 19 世纪末的美国，并在 20 世纪 80 年代得以发展和推广。3D 打印是科技融合体模型中最新的高"维度"的体现之一，中国物联网校企联盟把它称作"上上个世纪的思想，20 世纪的技术，这个世纪的市场"。

3D 打印技术是如何产生的呢？该技术是如何一步一步地发展和壮大的呢？下面我们一起来学习国内外 3D 打印技术的发展过程。

二、相关知识

1. 3D 打印技术的产生背景及发展过程

（1）诞生阶段　关于 3D 打印概念的形成，还要追溯到 19 世纪。从历史上看，快速成形技术（3D 打印技术的前身）的核心思想最早起源于 19 世纪中期的照相雕塑（Photosculpture）技术和地貌成形（Topography）技术。

长久以来，科学家和技术工作者一直有着一个复制技术的设想，虽然直到今天，有些人认为 3D 打印还是一种新兴事物，但 3D 打印的思想早就有了。人们在使用 3DCAD（3D 计算机辅助技术，20 世纪 70 年代诞生）时就希望将设计方便地"转化"为实物，因此也就有了发明 3D 打印机的必要。

虽然 3D 打印技术起源很早，但是受限于当时的材料技术与计算机技术等众多技术的限制，因此并没有广泛应用与商业化，随后 3D 打印技术的正式研究开始于 20 世纪 70 年代，直到 20 世纪 80 年代 3D 打印的概念才算真正开始确立，技术逐渐得到了实现，其学名正式命名为"快速成形"。

1986年，查尔斯 W. 赫尔开发了第一台商业3D打印机，3D打印才开始登上历史舞台。因此，查尔斯 W. 赫尔被人们称为3D打印技术之父。此后，3D打印技术经过了一个不断发展与应用的过程。

（2）发展应用阶段 1993年，麻省理工学院获得授权，开始开发基于3D打印技术的3D打印机，之后3D打印技术的发展便迈入了快车道。

进入21世纪后，3D打印技术逐渐被大众所接受，特别是在2010年之后，随着技术的进步，3D打印除了在产品设计、建筑设计、工业设计、医疗用品设计等领域发挥作用外，在电影动漫、气象、教育、食品行业等领域也在广泛使用。

2. 3D打印技术快速发展原因

3D打印技术快速发展主要有以下四方面因素：

1）全世界对3D打印技术的认可，并注重研发。近年来研发投入的增长使得3D打印技术不断完善，3D打印机功能更强、成本更低、速度更快。

2）逐渐丰富的打印材料种类，推动3D打印机的应用范围不断扩大。3D打印材料主要包括金属材料、高分子材料和陶瓷材料，其中塑料仍是使用最多的材料，但金属材料增长很快。金属材料的广泛使用带动了工业级3D打印机销售的增长，推动3D打印由消费级市场向高端制造市场拓展。

3）汽车、电子、航空航天、医疗、制鞋等行业为了加快产品开发、改进产品性能、提高用户需求响应速度，也在积极探索3D打印技术在工业生产中的应用。

4）实施3D打印技术普及教育。现在，国内外有很多中小学和教育培训机构都开始设立3D打印相关课程，推动桌面3D打印机在学校、家庭和中小企业中普及。

目前，3D打印技术在国内已取得了良好的发展成果。科研方面的进展相对较快，一些科研成果已经被用到航空航天以及生物、医学等尖端领域。一些中小企业成为3D打印设备的生产商，生产、销售全套3D打印设备，专门为相关企业的研发、生产及家庭提供服务。目前，国内已出现了一些3D打印技术的创意商店（图1-4），发展态势良好。

图1-4 3D打印技术的创意商店

3. 3D打印技术发展的阻碍因素

20世纪80年代，3D打印设备价格极其昂贵且所能打印的产品数量也很少。和所有新技术一样，3D打印技术也有着自己的缺点，它们会成为3D打印技术发展路上的阻碍，从而影响它成长的速度。3D打印也许真的可能给世界带来一些改变，但如果想成为市场的主流，就要克服种种担忧和可能产生的负面影响。

（1）技术限制 3D打印确实是一种让人惊喜的技术，但是目前来看并不完善，集中表现在成形零件的精度不高。传统的精密加工，精度起码要达到微米级。而目前世界上最好的3D打印机，其打印精度也很难达到百分之一毫米。另外，3D打印零件的强度不够高，这也是这一技术本身存在的巨大缺陷。

（2）材料限制 除了技术问题外，材料问题也是3D打印遇到的瓶颈，目前支持3D打印的材料有尼龙、光敏树脂、塑料等相比传统制造，种类十分有限，要打印满足各种各样需要的物品，需要更多种类的材料支持。

（3）机器限制　3D打印技术在构建物体的几何形状方面有特别的优势，几乎任何静态的形状都可以被打印出来，在构建零件方面已经获得了一定的成绩，但是打印那些需要高速运动的物体和受力比较大的零部件就受到很大的限制。3D打印技术想要进入人们的日常生活，使每个人都能随意打印想要和需要的东西，那么机器的限制就必须得到解决。

（4）效率问题　目前3D打印机的打印速度很慢，即便是一个很小的东西，打印出来也需要较长的时间，要想利用3D打印大量地生产产品，还需要提高打印速度。

（5）知识产权问题　3D打印技术也会涉及知识产权问题，因为现实生活中的很多流行的东西都会得到广泛的传播。人们可以利用3D打印方便、随意地复制任何东西。如何制定3D打印的法律法规来保护知识产权，也是人们面临的问题之一，否则就会出现复制品泛滥的现象。

（6）道德和法律的挑战　图1-5所示是一把由美国人利用3D打印机打印的手枪。制造者打印出该手枪的部分组件，并结合真枪其他部分零件，组合制作成了这把枪，还在一个农场进行了试枪，可以发射真实的子弹。这种做法已经触碰到了道德和法律的底线。当然，目前对3D打印来说，什么样的东西会违反道德和法律还是很难界定的，随着技术的发展，在不久的将来，如果有人打印出生物器官、活体组织等，则会遇到极大的道德和法律挑战。

（7）费用高昂　3D打印技术需要的费用是很高的，工业级3D打印机的价格从几十万到几百万元人民币不等。相比起来，桌面级

图1-5　利用3D打印机打印的手枪

3D打印机价格较为便宜，也要几千元，但其成形效率低，材料成本也很高，如每千克金属钛粉要好几千元人民币。

每一种新技术诞生初期都会面临着一些障碍，但相信在找到合理的解决方案后，3D打印技术的发展将会更加迅速，就如同任何渲染软件一样，不断地更新才能达到最终的完善。

三、增材制造技术发展历史

1. 国外3D打印技术的发展

（1）1892—1988年属于3D打印技术发展的初期阶段　从历史上看，很早以前就有"材料叠加"的制造设想，1892年，J. E. Blanther在他的美国专利（#473901）中，曾建议用分层制造法构成地形图。1902年，CarloBaese在他的美国专利（#774549）中提出了用光敏聚合物制造塑料件的原理，这是现代第一种增材制造技术——立体光刻（Stereo Lithogrphy）的初步设想。1940年，Perera提出了在硬纸板上切割轮廓线，然后将这些纸板粘结成三维地形图的方法。20世纪50年代之后，出现了几百个有关增材制造技术的专利，其中Paul L Dimatteo在他1976年的美国专利（#3932923）中，进一步明确地提出：先用轮廓跟踪器将三维物体转化成许多二维轮廓薄片，然后用激光切割这些薄片成形，再用螺钉、销钉等将一系列薄片连接成三维物体。

1984年，Michael Feygin研制成功薄片分层叠加成形（Laminated Object Manufacturing，LOM），该技术具有工作可靠、模型支撑性好、成本低、效率高的优点；但是前、后处理费时费力，且不能制造中空结构件。由于该工艺所用材料仅限于纸或塑料薄膜，性能一直没有提高，因而逐渐走入没落。

由 Charles Hull 于 1983 年发明光敏树脂液向固化成形技术（SLA），又名立体光固化成形法或激光光固化，并在 1986 年获得申请专利，它是最早实现商业化的 3D 打印技术。1988 年，3D 打印行业巨头 3D Systems 公司根据 SLA 成形技术原理制作世界上第一台 SLA 3D 打印机，并将其商业化，自此，基于 SLA 成形技术的机型如雨后春笋，相继出现。

（2）1988—1990 年属于快速原型技术阶段 1988 年，美国 3D Systems 公司推出世界上第一台商用快速成形机——立体光刻 SLA-1（Stereo Lithography Appearance，SLA）机，成为现代增材制造的标志性事件。快速原型阶段开发了多种增材制造技术，美国 Stratasys 公司的学者 Dr. Scott Crump 于 1988 年成功研制熔丝堆积成形技术（FDM）工艺。它是一种不使用激光加工器加工的方法，不涉及高温、高压等危险要素，该工艺设备使用，维护简单，速度快，无污染，一般仅需几个小时就可将复杂原型打印出来，是成本较低的 3D 打印技术。随着熔丝堆积成形（FDM）工艺不断改善，其设备变得更加轻便、便宜，逐渐进入人们日常生活当中。

1989 年美国得克萨斯大学奥斯汀分校提出选择性激光粉末烧结（Selected Laser Sintering，SLS）。该工艺常用的成形材料有金属、陶瓷、ABS（丙烯腈-丁二烯-苯乙烯共聚物）塑料等粉末。该工艺的特点是材料适应面广，不仅能制造塑料零件，还能制造陶瓷、金属、蜡等材料的零件。

美国桑迪亚国家实验室将选择性激光粉末烧结工艺和激光熔覆（Laser Cladding）工艺相结合提出激光近净成形（Laser Engineered Net Shaping，LENS）工艺。

（3）1990 年到现在为直接增材制造阶段 主要实现了金属材料的成形，分为同步材料送进成形和选择性激光粉末熔化成形。

美国麻省理工学院的伊曼纽尔·萨克斯教授在 1993 年发明了三维打印（3DP）成形技术，三维打印（3DP）的工作原理类似于喷墨打印机，在形式上是最符合 3D 打印概念的成形技术之一。和选择性激光粉末烧结成形（SLS）有许多相似的地方，都采用陶瓷、金属、塑料等粉末状材料一层层堆积成形。

2013 年 2 月美国麻省理工学院成功研发四维打印（Four Dimensional Printing，4DP）技术，俗称 4D 打印。该技术是无需打印机就能让材料增材制造的革命性新技术。4D 打印是在 3D 打印的基础上增加第四维度——时间。4D 打印可预先构建模型和时间，按照产品的设计自动变形成相应的形状。其关键材料是记忆合金。4D 打印具备更广阔的发展前景。2013 年 2 月美国康奈尔大学利用打印出了可造人体器官。

2. 国内 3D 打印技术的发展

我国对 3D 打印技术也同样有着强烈的需求。自 20 世纪 90 年代初，3D 打印的概念开始在我国兴起，在国家科技部等多部门持续支持下，清华大学、北京航空航天大学、华中科技大学、西安交通大学、西北工业大学等高校成为国内 3D 打印技术的重要科研基地，在典型的成形设备、软件、材料等的研究和产业化方面获得了重大进展。这些最早接触 3D 打印的高校研究力量形成了如今国内 3D 打印技术的起源。

自 20 世纪 90 年代以来，国内就有多所高校开始进行具有自主知识产权的快速成形技术的研发。清华大学在现代成形学理论、分层实体制造、熔丝堆积成形（FDM）工艺等方面都有一定的科研优势；华中科技大学在薄片分层叠加成形（LOM）工艺方面有优势，并已推出了 HRP 系列成形机和成形材料；西安交通大学自主研制了三维打印机喷头，并开发了光固化成形系统及相应的成形材料，成形精度达到 0.2mm；中国科技大学自行研制了八喷头组合喷射装置，有望在微制造、光电器件领域得到应用；近年来国内的许多单位也在选择性激光粉末烧结成形（SLS）领域内进行了大量的研究和开发工作，如华中科技大学、南京航空航天大学、西北工业大学等都取得了丰硕的研究成果，获得广泛的商业价值，尤其在航空航天领域得到很多实际应用。这些大学已经实现了一定程度的产业化，成立了制造公司，一些公司生产的桌面3D打印机的价格已具有国际竞争力，且成功进入欧美市场。

进入21世纪后，3D打印技术逐渐被大众所接受。我国研发出了一批增材制造装备，在典型成形设备、软件、材料等的研究和产业化方面获得了重大进展，初步实现设备产业化，接近国外产品水平，改变了该类设备早期依赖进口的局面。在国家和地方的支持下，在全国建立了20多个服务中心，3D打印设备用户遍布医疗、航空航天、汽车、军工、模具、电子电器、造船等行业，推动了我国增材制造技术的发展。

目前，我国金属零件增材制造技术也已达到国际领先水平。例如，北京航空航天大学、西北工业大学和北京航空制造技术研究所制造出的大尺寸金属零件，并应用在新型飞机的研制过程中，显著提高了飞机的研制速度。我国东部发达城市已有企业开展商业化的快速成形服务，其服务范围涉及模具制作、样品制作、辅助设计、文物复原等多个领域。国产3D打印机在打印精度、打印速度、打印尺寸和软件支持等方面虽然在不断提升，但是技术水平还有待进一步发展。近几年国内增材制造市场发展不大，主要还在工业领域应用，没有在消费品领域形成快速发展的市场。另外，研发方面投入不足，在3D打印技术产业化和应用方面落后于美国和欧洲。

四、视频讲解

1.2

五、课堂讨论

请同学们根据自己对3D打印的理解，分组讨论以下问题：
1）在什么样的情况下人们产生了3D打印的想法？
2）在3D打印技术发展过程中，可从哪些方面进行突破？
3）如何做才能尽快普及3D打印？

六、思考与练习

1）3D打印的发展有哪几个阶段？
2）3D打印技术快速发展的原因有哪些？
3）3D打印技术发展的阻碍因素有哪些？
4）简述国内外3D打印发展的历史。

1.3　3D打印的原理

一、课堂引入

通俗地说，3D打印机是可以"打印"出真实的3D物体的一种设备，比如打印一个机器人、玩具车、各种模型，甚至是食物等。之所以通俗地称其为"打印机"是参照了普通打印机的技术原理，因为分层加工的过程与喷墨打印十分相似。快速成形系统就像一台"立体打印机"，因此得名"3D打印机"。

3D 打印技术具体有哪几种类型呢？我们如何划分这些类型呢？我们一起来看看。

二、相关知识

1. 3D 实物的成形方法

我国出土的四千年前的古漆器用黏结剂把丝麻粘接起来敷设在底胎上，待漆干后挖去底胎成形。两千多年前，我国伟大的哲学家、思想家老子的"合抱之木，生于毫末；九层之台，起于垒土；千里之行，始于足下"（图 1-6）用来描述 3D 打印的原理和过程都很合适，即从细微特征开始，通过不断累积的方式制造出三维物体。古埃及人早在公元前就已将木材切成板后重新铺叠，制成类似于现代胶合板的叠合型材，这些都体现了"成形"的思想。3D 实物的获取方法可分为 4 种：受迫成形、去除成形、离散/堆积成形、生长成形。

（1）受迫成形　受迫成形是成形材料受压力的作用而成形的方法。例如，金属材料成形的冷冲压成形、锻压成形、拉伸成形、挤压成形以及铸造成形等，非金属材料成形如塑料注射成形、塑料挤压成形、塑料吹塑成形和压制成形等。它们都是靠模具成形的，所以都属于受迫成形。

图 1-6　老子画像及其言论

（2）去除成形　去除成形是人类从开始制作工具到现代化生产一直沿用的主要成形方法。通过刀具切割加工、磨削加工以及电火花加工，把一个毛坯上不要的部分切削掉，留下需要的部分，即一种从"1"到"1"的加工过程，就是传统的去除成形。不管机床发展有多先进，自动化程度和精度有多高，使用普通机床、数控机床、加工中心之类的机床加工都属于去除成形的范畴。

（3）离散/堆积成形　与传统制造方法不同，离散/堆积成形从零件的 CAD 实体模型出发，通过软件分层离散和数控成形系统，用层层加工的方法将成形材料堆积而形成实体零件。它是一种从"0"到"1"的加工过程。由于它把复杂的三维制造转化为一系列的二维制造，甚至是一维制造，因而可以在不用任何夹具和工具的条件下制造任意形状的零部件，极大地提高了生产率和制造柔性。

（4）生长成形　生长成形（或仿生成形）是指模仿自然界中生物生长方式而成形的方法。它是一项生物科学与制造科学相结合的产物，将生长和成形融为一体。根据生物体的生长信息、细胞分化来复制自身，以形成一个具有特定形状和功能的三维体。

2. 3D 打印技术原理

普通打印机的打印材料是墨水和纸张，而 3D 打印机内装有金属、陶瓷、塑料、砂等不同的"打印材料"，是实实在在的原材料。3D 打印技术基于"离散/堆积成形"的成形思想，用层层加工的方法将成形材料"堆积"而形成实体零件，也称为"快速成形技术"或"叠加制造技术"。从原理上来说，3D 打印需要通过计算机辅助设计（CAD）或计算机动画建模软件建模，再将建成的三维模型"切片"成逐层的截面数据，并把这些信息传送到 3D 打印机上，3D 打印机会把这些切片堆叠起来，直到一个固态物体成形，如图 1-7 所示。

3D 打印技术可以分成若干种不同的工艺，每一种工艺的成形方法和材料都有区别，但是共同点都是一层一层打印切片的模型。有的材料是粉末状的，通过激光照射出每一层的形状，将成形区域的粉末熔化，然后一层一层堆叠成最后的原型；有的材料是液体树脂，通过激光照射将成形区域的树脂固化成固体，一层一层堆叠成最后的原型；还有的是丝状的塑料，通

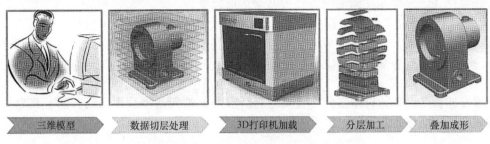

| 三维模型 | 数据切层处理 | 3D打印机加载 | 分层加工 | 叠加成形 |

图 1-7　3D 打印技术原理

过高温熔化，将塑料丝从喷嘴里熔化挤出，根据每一层的成形区域来一层一层堆叠，最终成为实物（图 1-8）。这些加工过程材料耗费仅相当于传统制造的 1/10，而误差可轻易控制到 0.1mm 之内。它无需生产线，即可制造那些常规方法无法生产的形状复杂的零件。

图 1-8　3D 打印实物

三、3D 打印过程

本任务涵盖了多种从设计到终端产品的 3D 打印技术，尽管其最终呈现出来的是一件快速原型或者是功能件，但其制造原理均是相同的。现将图 1-9 所示从计算机辅助设计模型通过一系列步骤打印得到的产品的基本过程按顺序描述如下：

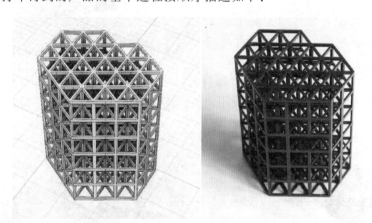

图 1-9　从计算机辅助设计模型通过一系列步骤打印得到的产品

1. 计算机辅助设计

制作数据模型是整个增材制造过程的第一步。获得数据模型的方法有两种：最常见的方法就是使用计算机进行辅助设计，而适用于增材制造的 CAD 软件有很多；另一种就是通过三维扫描进行逆向设计来获得三维模型。

在进行增材制造设计时必须评估设计要素，根据不同的增材制造工艺，这些设计要素包含模型几何特征的极限值、是否需要支撑以及钻孔等。

2. 格式转换和文件处理

与传统制造手段不同的是，增材制造的一个关键步骤是将 CAD 模型转化为 STL 格式文件。STL 文件采用三角形（多边形）来呈现物体表面结构，使 CAD 模型转化为 STL 文件，用于约束物理尺寸、水密性（曲面闭合）以及多边形数量。

STL 文件创建完成后将导入切片程序转化为 G 代码。G 代码是一种数控编程语言，在计算机辅助制造（CAM）中用于自动化机床控制（包括数控机床和 3D 打印机）。切片程序还可以允许设计师设定建造参数，如支撑、层厚以及建造方向。

3. 打印过程

很多打印设备在开始打印之后会自动进行，设备会按照自动程序运行，除非材料用完或者软件出故障才会停止。

> **注意**：3D 打印机通常包含很多小而复杂的零件，需要正确地保养和校准，这是保证打印精度的关键。另外，由于增材制造的原材料往往保质期有限，因此打印前要多注意。虽然有些打印工艺允许使用回收材料，但如果不定期更换而反复就会导致材料性能降低。

4. 打印件取出

对于一些增材制造技术，取出打印件很简单；而对于一些工业机来说，当打印件与打印材料融合一体或者与构建平台连在一起时，取出打印件需要较高的技术性。这些打印时需要复杂的移除的操作，一般要高度熟练的操作人员在确定设备安全和环境可控的条件下进行。图 1-10 所示为从打印机中取出还未进行后处理的零件。

5. 后处理过程

后处理过程根据打印工艺而有所不同，在处理前需要紫外后固化，金属零件需要在退火炉中进行去应力退火，零件可以直接移除。对于需要支撑的技术，在后处理过程中

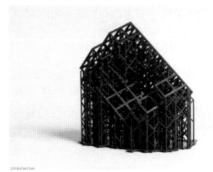

图 1-10　从打印机中取出还未进行后处理的零件

也需要去除，如图 1-11 所示。许多 3D 打印材料可以用砂纸打磨，或者其他技术如喷砂、高压气体清洁、抛光以及喷漆来满足最终使用效果。3D 打印的名片夹如图 1-12 所示。

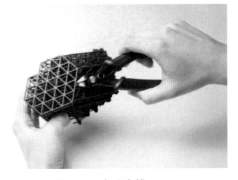

图 1-11　去除支撑

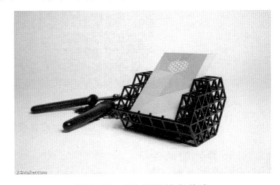

图 1-12　3D 打印的名片夹

四、视频讲解

1.3

五、课堂讨论

请同学们根据自己对 3D 打印的理解，分组讨论以下问题：

1）三维实体和二维平面有什么关系？

2）"离散/堆积成形"的成形思想是什么？

3）身边有哪些物品可以采用 3D 打印技术进行制造？

六、思考与练习

1）3D 实物的成形方法有哪几类？

2）3D 打印技术的原理是什么？

3）3D 打印过程有哪些步骤？

4）3D 打印技术有哪些类型？

1.4 3D 打印材料

一、课堂引入

在 3D 打印领域，3D 打印材料一直扮演着重要的角色。因此，3D 打印材料是 3D 打印技术发展的重要物质基础。3D 打印材料作为新兴科技产业，近年来发展迅猛，成为国家重点推动发展的产业。目前，可用的 3D 打印材料种类已超过 200 种，每隔一段时间就会有新材料诞生，然而对于 3D 打印发展而言，这些材料还远远不够。在某种程度上，3D 打印材料的发展决定了 3D 打印能否得到更广泛的应用。目前，3D 打印材料主要包括工程塑料、光敏树脂、橡胶材料、金属材料、陶瓷材料等。另外，彩色石膏材料、人工骨粉、细胞生物材料、砂糖等食品也用于 3D 打印领域。这些用于 3D 打印的原材料是专门为 3D 打印设备和工艺而开发的，不同于普通塑料、石膏、树脂等，其形态一般为粉末、丝绸、片状、液体等。

3D 打印常用的材料有哪些呢？我们如何才能更快、更快地理解材料呢？我们一起来看看 3D 打印材料是指什么吧。

二、相关知识

1. 3D 打印材料的分类

（1）按成形和工艺实现方法分类

1）第一类：丝材，采用熔丝堆积成形（FDM）。

2）第二类：粉末、丝状材料，采用高能束烧结或融化成形（SLS、SLM 和 EBM）等。

3）第三类：光敏树脂液相固化成形（SLA）。

4）第四类：三维打印成形（3DP）。

5）第五类：薄片分层叠加成形（LOM）。

（2）按材料形态分类

1）液态材料：采用 SLA，光敏树脂（聚氨酯丙烯酸酯、环氧丙烯酸酯、不饱和聚酯树脂、光敏稀释剂等）。

2）固态粉末：采用 SLS、SLM，非金属粉（蜡粉、塑料粉、覆膜陶瓷粉等）和金属粉（不锈钢粉、钛金属粉等）。

3）固态片材：采用 LOM，纸、塑料、金属铂+黏结剂。

4）固态丝材：采用 FDM，蜡丝、ABS（丙烯腈-丁二烯-苯乙烯共聚物）丝、PLA（聚乳酸）丝等。

（3）按材料的物理状态分类　可分为液体材料、薄片材料、粉末材料、丝状材料等。

（4）按照材料的化学性能分类　可分为高分子材料、金属材料、光敏树脂材料、无机非金属材料、生物材料等。

2. 3D 打印材料介绍

（1）常见 3D 打印材料介绍

1）ABS 塑料。ABS 塑料的原材料呈颗粒状，如图 1-13 所示。ABS 塑料是一种常用的 3D 打印材料，如图 1-14 所示。它有多种颜色可以选择，是消费级 3D 打印机用户最喜爱的打印材料之一，例如打印玩具、创意家居饰件等。ABS 塑料通常是细丝盘装，通过 3D 打印喷嘴加热熔化打印。由于喷嘴喷出材料之后需要立即凝固，说明不同的 ABS 塑料的熔点不同，所以需要配备可以调节温度的挤出头。

图 1-13　ABS 塑料的原材料

图 1-14　细丝盘装 ABS 塑料

2）PLA 塑料。PLA 塑料是另外一种常用的 3D 打印材料，在消费级 3D 打印机的材料中，PLA 塑料具有环保、可降解的优点。不同于 ABS 塑料，PLA 塑料一般情况下不需要加热，所以 PLA 塑料更方便使用，更适合普及。PLA 塑料有多种颜色（图 1-15）可以选择，而且还有半透明（图 1-16）及全透明的。

图 1-15　不同颜色的 PLA 塑料

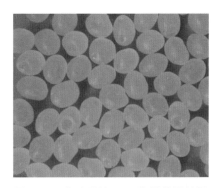

图 1-16　半透明的 PLA 塑料的原材料

3）亚克力材料。亚克力（有机玻璃）材料（图 1-17）的表面粗糙度值小，可以打印出透明和半透明的产品。目前利用亚克力材料可以打印出牙齿模型，用于牙齿的矫正。

4）尼龙。尼龙也就是聚酰胺纤维，其最大的特点是耐磨性极高，在混纺织物中加入少量的尼龙可大大提高其耐磨性。

尼龙粉末材料结合 SLS 技术，可以制作出色泽稳定、抗氧化性好、尺寸稳定性好、吸水率低、易于加工的产品，如图 1-18 所示。

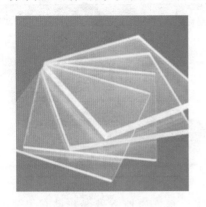

图 1-17 亚克力材料

图 1-18 尼龙

在尼龙粉末中掺杂铝粉，利用 SLS 技术进行打印，其成品具有金属光泽，因此经常用于打印装饰品和首饰等创意产品。

5）树脂。树脂也被称为光敏树脂，是激光光固化成形的重要原料。它的种类很多，一般分为液态透明状和半固体状，可以用于制作中间设计过程模型。由于其成形精度比 FDM 技术高，具备高强度、耐高温、防水等特点，常用于制作生物模型或医用模型、手板、手办、首饰或者精密装配件等，如图 1-19 所示。

6）玻璃。玻璃是一种用途广泛的材料，但它不易加工，且不太适用于 3D 打印，因为这种材料的熔点非常高。但瑞典隆德大学（Lund University）的研究人员使用 3D 打印玻璃，特别定制了一个"鸟类背包"，可封装电子设备，从而用来追踪极地燕鸥（图 1-20）。目前，使用玻璃材料的 3D 打印技术尚未成熟，有待进一步研发和试验。

图 1-19 光敏树脂

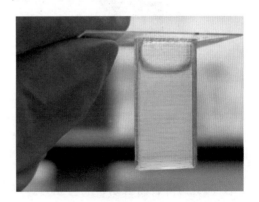

图 1-20 极地燕鸥的玻璃背包

7）陶瓷。陶瓷既具有陶器的透气性和吸水性，又具有瓷器的坚硬性。采用陶瓷粉末进行 SLS 烧结打印陶瓷产品，这种产品具有高耐热、可回收、安全、无毒的特点。因此，陶瓷可作为材料打印出理想的餐具、瓷砖、花瓶等家居产品，如图 1-21 所示。

8）金属——金、银和钛金属。金属打印是一项能够直接制造立体高性能金属功能件的高端增材制造技术。金属粉末具有良好的力学强度和导电性。一般采用 SLS 的粉末烧结技术，金、银材料可用来打印饰品，深受珠宝设计师们的喜爱；而钛金属是高端 3D 打印机常用的材料，可用来打印汽车、航空飞行器上的构件，如图 1-22 所示。

图 1-21　打印陶瓷产品

图 1-22　3D 打印钛粉及其产品

9) 金属——不锈钢。不锈钢是最廉价的金属打印材料, 质地坚硬, 并且有很强的牢固度。不锈钢粉末采用 SLS 技术进行 3D 烧结, 并可以选用银色、古铜色以及白色等颜色。不锈钢可用于制作模型、功能性或装饰性的用品, 如图 1-23 所示。

（2）特殊 3D 打印材料介绍　随着技术的发展和应用范围的扩大, 出现了一些特殊的 3D 打印材料。

1) 人造骨粉。如果人体的骨头不幸受伤, 那么传统的骨头移植手术会使用病患者其他部位的骨头或是利用陶瓷来代替。最近, 加拿大有一所大学正在研发"骨骼打印机", 利用 3D 打印技术, 将人造骨粉转变成精密的骨骼组织。骨骼打印机使用的材料是一种类似于水泥的人造粉末薄膜, 也叫"人造骨粉"。打印机会在用骨粉制作的薄膜上喷洒一种酸性药剂, 使薄膜变得坚硬。这个过程会一再重复, 形成一层又一层的粉质薄膜。最后, 精密的"骨骼组织"就被创造出来, 如图 1-24 所示。

图 1-23　3D 打印不锈钢产品

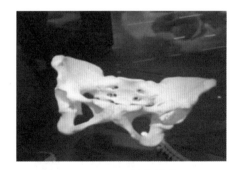

图 1-24　3D 打印骨骼

2) 巧克力等食品级原料。巧克力、可可粉、砂糖甚至肉制品都可以作为 3D 打印材料, 来"打印"美味食品, 如图 1-25 所示。3D 食物打印机是一种可以把食物"打印"出来的机器。它使用的不是墨盒, 而是把食物的材料和配料预先放入容器内, 再输入食谱, 按下程序开关, 余下的烹制程序会由打印机去做, 输出来的不是一张又一张的文件, 而是真正可以吃的食物。

由国外一家"科学实验室"制作完成的砂糖 3D 打印机 CandyFab 4000 通过喷射加热过的砂糖, 可以做出美味又好看的甜品。美国宾夕法尼亚大学用改进的 3D 打印技术打印出的鲜肉让人又惊又喜。打印肉的关键在于原材料的调配, "3D 肉"利用实验室培养出来的细胞介质生成的类似鲜肉的替代物质, 用水基溶胶为黏合剂, 再配合特殊的糖分子结构制成。这可以说是目前"最美味可口"的 3D 打印材料了。

3）生物细胞。作为一种生物制造技术，细胞的3D打印是其中的技术基石。通过3D打印技术将细胞作为材料层打印在生物支架（基质）材料上，通过准确定位，形成具备生物特性的组织，如图1-26所示。

图1-25　3D打印食物

图1-26　3D打印活细胞组织

这些具备生物特性的组织不仅可以作为很好的医学研究工具，还可以根据病体的需要进行器官移植和修复，用来进行药物筛选的试验，制作药物研发领域的药物筛选模型，弥补现阶段蛋白筛选直接到动物体筛选的技术缺失，提高药物筛选率，大大缩短新药的研发时间。

三、3D打印材料的要求和面临的问题

1. 3D打印材料要求

1）目前，国内外都加大了对3D打印材料研究的投入，在材料方面的工作主要体现在以下几个方面：

① 开发满足不同用途要求的多品种3D打印材料，如直接成形金属件的3D打印材料和医用的、具有生物活性的3D打印材料等。

② 建立材料的性能数据库，开发性能更加优越、无污染的3D打印材料。

③ 利用计算机对材料的成形过程和成形性能进行模拟、分析。

2）3D打印工艺对其成形材料的要求一般有以下几点：

① 有利于快速、精确地加工原型零件。

② 快速成形制件。

③ 尽量满足产品对强度、刚度、耐潮湿性、热稳定性能等的要求。

④ 应该有利于后续处理工艺。

3）3D打印有四个应用目标：概念型、测试型、模具型及功能零件。其对成形材料的要求也不同，具体如下：

① 概念型对材料成形精度和物理化学特性要求不高，主要要求成形速度快。如对光敏树脂，要求其具有较低的临界曝光功率、较大的穿透深度和较低的黏度。

② 测试型对于成形后的强度、刚度、耐热性、耐蚀性等有一定要求，以满足测试要求。如果用于装配测试，则对成形件有一定的精度要求。

③ 模具型要求材料适应具体模具制造要求，如强度、硬度。如对于消失模铸造用原型，要求材料易于去除，烧蚀后残留少、灰分少。

④ 功能零件则要求材料具有较好的力学和化学性能。

2. 3D打印材料面临的问题

理论上说，所有的材料都可以用于3D打印，但目前主要以塑料、石膏、光敏树脂为主，很难满足大众用户的需求，特别是工业级的3D打印材料更是十分有限，目前适用于3D打印的金属材料还不多，而且只有专用的金属粉末材料才能满足金属零件的打印需要。能用金属

粉末材料进行打印的为工业级打印机及选择性激光烧结（SLS）法、选择性激光熔化（SLM）法。

目前在工业级打印材料方面存在的问题主要是：

1）可使用的材料的发展赶不上 3D 打印市场的发展。

2）打印流畅性不足。

3）材料强度不够。

4）材料对人体安全性和对环境友好性之间的矛盾。

5）材料标准化及系列化规范的制定。

3D 打印对粉末材料的粒度分布、松装密度、氧含量、流动性等性能要求很高，但目前还没有形成一个行业性的标准，因此在材料特性的选择上前期要花很长的时间。

四、视频讲解

1.4

五、课堂讨论

请同学们根据自己对 3D 打印的理解，分组讨论以下问题：

1）你觉得哪些材料可用于 3D 打印？

2）你认为 3D 打印材料应具有哪些性能？

3）你最想用哪一种 3D 打印材料来生产什么样的产品？

六、思考与练习

1）3D 打印材料如何分类？

2）常见 3D 打印材料和特殊 3D 打印材料分别有哪些？

3）对 3D 打印材料有哪些要求？

4）3D 打印材料的发展面临着哪些问题？

项目2 3D打印技术实务

在项目1中，已经了解了3D打印产生与发展的过程，以及3D打印的原理和材料。3D打印技术虽然包含各种不同的成形工艺，但它们的成形思想和基本流程都是相同的，3D打印包括建模和打印两个步骤，根据实际情况，有时还需要在建模之前进行扫描，并在打印之后进行抛光、上色等后期处理。

建模是指通过计算机辅助设计（CAD）或计算机动画建模软件建模，再将建成的三维模型"分割"成逐层的截面，从而指导打印机逐层打印。打印是指3D打印机通过读取文件中的横截面信息，用液体状、粉状或片状的材料将这些截面逐层地打印出来，再将各层截面以各种方式粘合起来从而制造出一个实体。3D打印是按每一层截面轮廓来制造零件的，因此，成形前必须在三维模型上用切片软件沿成形的高度方向，每隔一定的间隔（即切片层高）进行切片处理，以便提取截面的轮廓。根据模型的尺寸以及复杂程度，用传统方法制造出一个模型通常需要数小时到数天，而用3D打印技术则可以将时间缩短为数个小时，当然这些是由打印机的性能以及模型的尺寸和复杂程度而定的。

【项目目标】

（1）学习三维模型构造方法。

（2）掌握3D打印技术的基本要求和成形过程。

【知识目标】

（1）了解常用的3D建模软件。

（2）熟悉STL格式文件。

（3）熟悉三维模型的切片处理。

【能力目标】

（1）能弄清三维模型构造的原理。

（2）能说出3D打印技术流程。

（3）会制订3D打印技术的操作步骤。

【素养目标】

（1）培养学生的学习方法、学习策略和学习技能，使其能够有效地获取和整合知识。

（2）培养学生获取、评估、组织和利用信息的能力，包括信息搜索、信息筛选、信息整合和信息创新的能力。

2.1　三维模型构造

一、课堂引入

3D 打印作为一门崭新的应用技术近年来飞速发展，已渗透到工业制造、生物医疗、航空航天、建筑工程、文化创意、数码娱乐等各个行业。要完成 3D 打印，三维建模是基础，没有数字化模型，就无法进行 3D 打印。

那么，三维建模有哪些方法呢？常用的建模软件有哪些？下面我们一起来看看三维模型构造的方法。

二、相关知识

1. 几何建模基本概念

几何建模就是形体的描述和表达，是建立在几何信息和拓扑信息基础上的建模，主要是零件的几何信息和拓扑信息。

（1）几何模型　几何模型是把三维实体的几何形状及其属性用合适的数据结构进行描述和存储，供计算机进行信息转换与处理的数据模型，包含了三维形体的几何信息、拓扑信息以及其他属性的数据。几何建模技术的发展过程经历了线框模型→曲面模型→实体模型的过程。

（2）几何建模　几何建模是指用计算机及其图形系统来表示和构造形体的几何形状，建立计算机内部模型的技术方法，形体的表达建立在几何信息和拓扑信息的处理基础上。

（3）几何信息　几何信息是指形体的形状、位置和大小的信息，如直线描述方程、长方体的长宽高等。

（4）拓扑信息　拓扑信息反映形体各组成元素数量及其相互间关系，如相交、相邻、相切、垂直、平行等。注意两形体几何信息相同，若拓扑信息不同，则两形体可能完全不同。

（5）非几何信息　非几何信息是指除产品几何信息和拓扑信息之外的信息，不仅包括零件的质量、材料、性能参数等物理属性，还包括公差、表面粗糙度和技术要求等工艺属性。

2. 形体的表示

如图 2-1 所示，形体在计算机内采用六层拓扑结构进行定义，形体基本元素包括点、边、面等。

3. 三维建模的应用

（1）工业领域　主要用于工业级别的产品建模，如汽车、手机、计算机等。

（2）建筑领域、景观场景　主要用于建筑类的建模，通过一张建筑的概念图，上色、建模将这栋建筑表现出来。设计师通过灵感绘出概念图，建模师将他的灵感变成立体模型表现出来。

（3）室内设计　更多地用于室内装修设计，与装修公司合作较多。

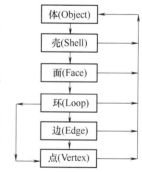

图 2-1　六层拓扑结构

（4）动画影视　通过设计稿，建模，最终完成。

（5）游戏美术　多用于游戏类建模，包括角色建模、环境建模、手绘贴图等。

4. 三维建模类型

（1）正向设计　根据设计者的数据、草图、照片、工程图样（二维）等信息在计算机上利用 CAD 软件构建三维模型，常用软件有 NX、Creo、3DS MAX、SolidWorks 等。

（2）逆向设计 对已有产品（样品或模型）进行三维扫描或自动测量，再由计算机生成三维模型。常见的三维扫描仪品牌有 Steinbichler、Gom、Breuckmann、Artec3d（德国）和我国的先临三维。常用软件有 NX、CopyCAD、PolyWorks 等。

三、特征建模与三维建模软件

1. 特征建模

特征建模是在实体建模基础之上，通过特征及其集合来定义、描述零件模型的过程。不仅包含与生产有关的非几何信息，而且描述这些信息之间的关系。特征建模对设计对象具有更高的定义层次，易于理解和使用，能为设计和制造过程各环节提供充分的工程和工艺信息。

（1）特征的分类

1）形状特征。形状特征指具有一定工程语义的几何形体，可按照 STEP 标准（GB/T 18894 和 ISO 10303）或几何形状进行分类。在 STEP 标准中将形状特征分为体特征、过渡特征和分布特征三种类型。

① 体特征：用于构造主体形状的特征，如凸台、孔、圆柱体、长方体等。

② 过渡特征：表达一个形体的各表面的分离或结合性质的特征，如倒角、圆角、键槽、中心孔、退刀槽、螺纹等。

③ 分布特征：一组按一定规律在空间的不同位置上复制而成的形状特征，如圆周均布孔、齿轮的齿形轮廓等。

如图 2-2 所示，按几何形状分类，形状特征从几何形状的角度又可分成通道、凹陷和凸起三种类型。

① 通道：和已存在的形状特征的两端相交的被减体。

② 凹陷：和已存在的形状特征的一端相交的被减体。

③ 凸起：和已存在的形状特征的一端相交的附加体。

a) 通道   b) 凹陷   c) 凸起

图 2-2 形状特征

2）精度特征。精度特征包括尺寸公差、几何公差和表面粗糙度等。

3）材料特征。材料特征如材料牌号、性能、硬度、表面处理工艺、检验方式等。

4）技术特征。技术特征描述零件的有关性能和技术要求。

5）装配特征。装配特征描述装配过程中配合关系、装配顺序、装配方法等。

6）管理特征。管理特征描述管理信息，如零件名、批量、设计者、日期等。

（2）特征间的关系

1）相邻关系：反映了特征在空间位置之间的相互关系。

2）从属关系：特征往往有主特征与辅助特征，它们之间存在着某种从属关系，如附着于回转体轴段主特征的键槽、退刀槽、倒角等。

3）分布关系：表示某类特征在空间按照某种方式所排列的关系。

（3）特征建模方式 常见的特征建模方式主要有：

1）特征识别。将设计的实体几何模型与系统内部预先定义的特征库中的特征进行自动比较，确定特征的具体类型及其他信息，形成实体的特征建模。

2）基于特征的设计。利用系统内已预定义的特征库对产品进行特征造型或特征建模。

3）特征映射。特征具有多视域性，视域不同造型特征也可能不同。如图 2-3 所示，从力学考虑可认为是筋，从机械加工考虑则认为是槽，因而须将设计特征映射为后续所需要的特征。

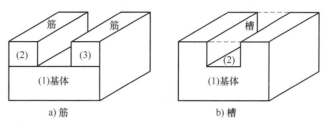

图 2-3　特征映射

4）交互特征确定。利用现有的实体建模系统建立产品的几何模型，由用户进入特征定义系统，通过图形交互拾取，在已有实体模型上定义特征几何所需要的几何要素，并将特征参数或精度、技术要求、材料热处理等信息，作为属性添加到特征模型中。

2. 常用的三维建模软件

三维建模软件众多，包括普通建模软件（AutoCAD）、基础建模软件（Tinkercad、Autodesk 123D Design、3D One）和各种专业建模软件。专业建模软件主要有工业设计软件、艺术设计软件和建筑设计软件。工业设计常用的建模软件有 SolidWorks、CATIA、NX、Creo、Cimatron 等；艺术设计常用的建模软件有 Rhinocero、Zbrush、3DS MAX、Maya、Blender 等；建筑设计常用的建模软件有 Sketchup、FormZ 等。

（1）Tinkercad　Tinkercad 是一款基于网页的 3D 建模工具，设计界面色彩鲜艳，如搭积木般简单易用，适合青少年儿童建模使用。

（2）Autodesk 123D Design　Autodesk 123D Design 通过简单图形的堆砌和编辑生成复杂形状。这种"傻瓜式"的建模方式，即使不是一个 CAD 建模工程师，也能随心所欲地在 Autodesk 123D Design 里建模。

（3）3D One　3D One 中文版是一款非常好用的主要为中小学生设计的 3D 设计软件，该软件界面简洁、功能强大、操作简单、易于上手。它重点整合了常用的实体造型和草图绘制命令，简化了操作界面和工具栏，实现了 3D 设计和 3D 打印软件的直接连接，让老师教学更立体，学生学习更轻松。此外，初学者也适用。

（4）AutoCAD　AutoCAD 用于二维绘图、详细绘制、设计文档和基本三维设计，现已经成为国际上广为流行的绘图工具。AutoCAD 具有良好的用户界面，通过交互菜单或命令行方式便可以进行各种操作。它的多文档设计环境，让非计算机专业人员也能很快地学会使用。

（5）SolidWorks　SolidWorks 是世界上第一个基于 Windows 系统开发的三维 CAD 系统。SolidWorks 具有功能强大、易学易用和技术创新三大特点，这使得 SolidWorks 成为领先的、主流的三维 CAD 解决方案。另外，SolidWorks 能够提供不同的设计方案、减少设计过程中的错误以及提高产品质量。

（6）CATIA　CATIA 是高端的 CAD/CAE/CAM 一体化软件。在 20 世纪 70 年代，CATIA 第一个用户就是世界著名的航空航天企业 Dassault Aviation。目前，CATIA 的强大功能已得到各行业的认可，其用户包括波音、宝马、奔驰等知名企业。

（7）NX　它为用户的产品设计及加工过程提供了数字化造型和验证手段。NX 最早应用于美国麦道飞机公司，目前已经成为模具行业三维设计的主流应用之一。NX 是一个交互式 CAD/CAM 系统，其功能强大，可以轻松实现各种复杂实体及造型的建构。

（8）Creo　Creo 是 CAD/CAM/CAE 一体化的三维软件，它采用了模块方式，可以分别进行草图绘制、零件制作、装配设计、钣金设计、加工处理等，保证用户可以按照自己的需要进行选择使用。Creo 以参数化著称，是参数化技术的最早应用者，在目前的三维造型软件领域中占有着重要地位。Creo 广泛应用于汽车、航空航天、消费电子、模具、玩具、工业设计和机械制造等行业。

（9）Cimatron　Cimatron 系统提供了灵活的用户界面，主要用于模具设计、模型加工，在国际上模具制造业备受欢迎。Cimatron 公司团队基于 Cimatron 软件开发了金属 3D 打印软件 3D Xpert。这是全球第一款覆盖了整个设计流程的金属 3D 打印软件，从设计直到最终打印成形，甚至是在后处理的 CNC 处理阶段，3D Xpert 软件都能够发挥它的作用。

（10）Rhinocero（犀牛）　Rhinocero 简称 Rhino，是一款超强的三维建模工具，大小才几十兆字节，硬件要求也很低。它能轻易整合 3DS MAX 与 Softimage 的模型功能部分，对要求精细、弹性与复杂的 3D NURBS 模型，有点石成金的效能。它能输出 obj、DXF、IGES、STL、3dm 等不同格式，并适用于几乎所有 3D 软件。它的基本操作和 AutoCAD 有相似之处，拥有 AutoCAD 基础的初学者更易于掌握 Rhino。Rhino 目前广泛应用于工业设计、建筑、家具、鞋模设计，擅长产品外观造型建模。

（11）ZBrush　ZBrush 是一个数字雕刻和绘画软件，它以强大的功能和直观的工作流程彻底改变了整个三维行业。在建模方面，ZBrush 可以说是一个极其高效的建模器。它进行了相当大的优化编码改革，并与一套独特的建模流程相结合，可以让用户制作出令人惊讶的复杂模型。无论是从中级到高分辨率的模型，用户的任何雕刻动作都可以瞬间得到回应。它还可以实时地进行不断的渲染和着色。

（12）3DS MAX　3DS MAX 是三维物体建模和动画制作软件，具有强大、完善的三维建模功能。它是当今世界上最流行的三维建模、动画制作及渲染软件，被广泛用于角色动画、室内效果图、游戏开发、虚拟现实等领域。

（13）Maya（玛雅）　Maya 集成了 Alias/Wavefront 最先进的动画及数字效果技术。它不仅包括一般三维和视觉效果制作的功能，而且还与最先进的建模、数字化布料模拟、毛发渲染、运动匹配技术相结合。Maya 功能完善，工作灵活，易学易用，制作效率极高，渲染真实感极强，是电影级别的高端制作软件。其应用对象是专业的影视广告、角色动画、电影特技等。Maya 可在 Windows、MacOSX、Linux 与 SGIIRIX 操作系统上运行，越是曲面构造越需要 Maya 的存在。

（14）Blender　Blender 是一款开源的跨平台全能三维动画制作软件，提供从建模、动画、材质、渲染到音频处理、视频剪辑等一系列动画短片制作的解决方案。Blender 为全世界的媒体工作者和艺术家而设计，可以被用来进行 3D 可视化，同时也可以创作广播和电影级品质的视频，另外内置的实时 3D 游戏引擎，让制作独立回放的 3D 互动内容成为可能，不仅支持各种多边形建模，也能做出动画。

（15）SketchUp（草图大师）　SketchUp 是一款极受欢迎并且易于使用的 3D 设计软件，被比喻为电子设计中的"铅笔"。在 SketchUp 中建立三维模型就像人们使用铅笔在图纸上作图一般，SketchUp 本身能自动识别用户的这些线条，加以自动捕捉。它的建模流程简单明了，就是画线成面，而后挤压成形，这也是建筑建模最常用的方法。并且用户可以将使用 Sketch-Up 创建的 3D 模型直接输出至 Google Earth 里。

（16）FormZ　FormZ 是一款备受赞赏、具有很多广泛而独特的 2D/3D 形状处理和雕塑功能的多用途实体和平面建模软件。对于需要经常处理有关 3D 空间和形状的专业人士（例如建筑师、景观建筑师、城市规划师、工程师、动画和插画师、工业和室内设计师）来说是一个有效率的设计工具。

四、视频讲解

2.1

五、课堂讨论

请同学们根据自己对 3D 打印的理解，分组讨论以下问题：

1）什么是几何模型？什么是几何建模？

2）实体模型有哪些表示方法？

3）特征建模有哪些方法？各有什么特点？

六、思考与练习

1）三维建模有什么应用？

2）在机械行业，常用的三维建模软件有哪些？

3）什么是逆向建模？逆向建模有什么应用？

2.2　三维模型的 STL 格式化

一、课堂引入

STL 文件是 3D 打印的通用格式文件，输入 3D 打印机能够直接快速成形实体模型，工业设计比较常用。一般三维软件都可以将自己生成的模型另存为 STL 文件。比如 AutoCAD、SolidWorks、NX、Creo 文件的三维模型的 STL 格式化。

二、相关知识

1．STL 文件简介

（1）STL 文件的定义　STL 文件格式是由 3D SYSTEM 公司于 1988 年制定的一个接口协议，是一种为快速原型制造技术服务的三维图形文件格式。它将实体表面离散化为大量的三角形面片，依靠这些三角形面片来逼近理想的三维实体模型。

（2）STL 文件的格式　STL 是片层格式文件，是一种 3D 模型文件格式，STL 是 stereo-lithography（立体光刻）的简写。当模型保存为 STL 文件之后，模型的所有表面和曲线都会被转换成网格，网格一般由一系列的三角形组成，代表着用户设计原型中的精确几何含义。

STL 格式有二进制格式与文本格式两种。文本格式简单明了，但受制于机器精度，结果文件过大，精度不能无限提高。二进制格式则比较紧凑，文件大小只有文本格式的 1/6。

（3）STL 文件的特点

1）优点：生成简单，数据文件广泛，具有简单的分层算法，模型易于分割。

2）缺点：近似性，数据的冗余，信息缺乏，精度损失，错误和缺陷。

2．STL 文件的精度

STL 文件的数据格式采用小三角形来近似逼近三维实体模型的外表面，小三角形数量的多少直接影响近似逼近的精度。精度越高，网格的划分越细密，三角形面片形成的三维实体就越趋近于理想实体的形状。如图 2-4 所示，STL 模型的精度直接取决于离散化时三角形的数量。

精度的选择不能太高，因为过高的

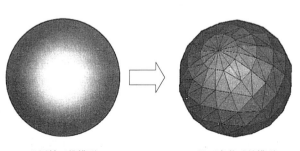

a）原始三维模型　　　　b）三角化后的模型

图 2-4　三维模型的三角化处理

精度要求，可能会超出 3D 打印系统所能达到的精度指标，而且三角形数量的增多需要加大计算机存储容量，同时带来切片处理时间的显著增加，有时截面的轮廓会产生许多小线段，不利于激光头的扫描运动，导致低的生产率和粗糙的表面。因此，由 CAD/CAM 软件输出 STL 文件时，选取的精度指标和控制参数，应该根据 CAD 模型的复杂程度以及快速原型精度要求的高低进行综合考虑。

3. STL 文件的基本规则

（1）取向规则　用平面小三角形中的顶点排序来确定其所表达的表面是内表面或外表面，顺时针的顶点排序表示该表面为内表面，逆时针的顶点排序表示该表面为外表面。如图 2-5 所示，按照右手法则，当右手的手指从第一个顶点出发，经过第二个顶点指向第三个顶点时，拇指将指向远离实体的方向，这个方向也就是该小三角形平面的法向。而且，对于相邻的小三角形平面，不能出现取向矛盾。

（2）共顶点规则　如图 2-6 所示，每个平面小三角形必须与每个相邻的平面小三角形共用两个顶点，即一个平面小三角形的顶点不能落在相邻的任何一个平面小三角形的边上。

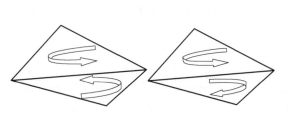

图 2-5　取向规则

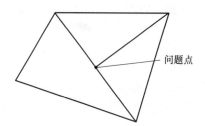

图 2-6　共顶点规则

因为每一个合理的实体面至少应有 1.5 条边，因此下面的三个约束条件在正确的 STL 文件中应该得到满足：①面必须是偶数；②边数必须是 3 的倍数；③2×边数＝3×面数。

（3）取值规则　每个小三角形平面的顶点坐标值必须是正数，零和负数是错误的。然而，目前几乎所有的 CAD/CAM 软件都允许在任意的空间位置生成 STL 文件，唯有 AutoCAD 软件还要求必须遵守这个规则。

STL 文件不包含任何刻度信息，坐标的单位是随意的。很多 3D 打印前处理软件是以实体反映出来的绝对尺寸值来确定尺寸的单位。

（4）合法实体规则　STL 格式不得违反合法实体规则，又称充满法则。即在三维模型的所有表面上，必须布满小三角形平面，不得有任何遗漏（即不能有裂缝或孔洞），不能有厚度为零的区域，外表面不能从其本身穿过等。

4. 常见的 STL 文件错误

像其他的 CAD/CAM 常用的交换数据一样，STL 也经常出现数据错误和格式错误，其中最常见的错误如下：

1）出现违反共顶点规则的三角形。

2）出现违反取向规则的三角形。

3）出现错误的裂缝或孔洞。

4）三角形过多或过少。

5）微小特征遗漏或出错。

三、增材制造的前处理

1. 三维模型的创建

根据专业需要，选择熟悉的三维建模软件（如 3D One Plus、AutoCAD、Inventor）创建三维模型。

2. STL 文件的输出

当三维模型创建完成之后，在进行 3D 打印之前，需要进行 STL 文件的输出。目前，几乎所有的商业化 CAD/CAM 系统都有 STL 文件的输出数据接口，而且操作和控制也十分方便。在 STL 文件输出过程中，根据模型的复杂程度和所要求的精度指标，可以选择 STL 文件的输出精度。

3. 格式转换与纠错

基于 STL 文件出现的错误，在 3D 打印机开始工作之前，应对 STL 格式文件进行检查。目前，已有多种用于观察、纠错和编辑 STL 格式文件的专用软件。常见的格式转换与纠错软件有 3D TransVidia、TransMagic、CADfix 等。

1）3D TransVidia 是一款功能强大的三维 CAD 模型数据格式转换与模型错误修复软件，可以针对几乎所有格式的三维模型进行数据格式间的转换，以及模型错误的修复操作。3D TransVidia 可以实现 Creo、NX、CATIA V4、CATIA V5、SolidWorks、STL、STEP、IGES、Inventor、ACIS、VRML、AutoForm、Parasolid 等三维 CAD 模型数据格式间的相互转换，如把 STEP 格式的模型转换成 CATIA V5 可以直接读取的 .CATPart 或 .CATProduct 格式，把 IGES 格式的模型转换成 NX 可以直接读取的 .prt 格式等。

2）TransMagic 是业内领先的三维 CAD 转换软件产品开发商，产品致力于解决制造业互通操作之间所面临的挑战性问题。TransMagic 提供独特的多种格式转换软件产品，使得模型能够在 3D CAD/CAM/CAE 系统之间快速转换。支持的文件类型有 CATIA V4、CATIA V5、Unigraphics、Creo、Autodesk Inventor、AutoCAD（via ∗.sat）、SolidWorks、ACIS、Parasolid、JT、STL、STEP 和 IGES。TransMagic 可以浏览、修复、交换 3D CAD 数据。

3）CADfix 是针对至今还没有解决的数据转换的问题，它能自动转换并重新利用原有的数据。它能发现模棱两可、不一致、错乱的几何问题，并能进行修复。CADfix 在可能的情况下支持全自动转换的方式，在自动方式不能完全解决问题的情况下，CADfix 还提供交互式可视化的诊断和修复工具。CADfix 提供给用户分级式的自动、半自动工具，通过五级处理方式来处理模型数据，每一级处理既可以用用户化的自动"向导"来处理，也可以用交互式工具来处理。当自动"向导"处理方式可行时，CADfix 还提供批处理方式的工具来处理大量的模型数据。

4. 分割与处理文件

（1）STL 文件的分割处理 在实际快速原型制作过程中，如果所要制作的原型尺寸相对于快速成形系统台面尺寸过大或过小，就必须对 STL 模型进行剖切处理或者有必要进行拼接处理。

3D 打印是基于离散-堆积成形原理的成形方法，无论是离散或者是堆积都与层片处理有关。

离散：先将 CAD 实体模型分切成许多的层片，即分层或切片处理。

堆积：将分切的层片重组成实体模型。

（2）STL 文件处理 Magics RP 是一款对 STL 文件进行编辑修改、缝补的软件，其功能见表 2-1。

表 2-1 Magics RP 的功能

功能	说　明
三维模型可视化	在 Magics RP 中可直观观察 STL 零件中的任何细节，并能对模型进行测量、标注等
检错	STL 文件错误自动检查和修复
RP 工作的准备功能	Magics RP 除能直接打开 STL、DXF、VDA、IGES、STEP 格式的文件之外，还能够接收 Creo、NX、CATIA 系统文件以及 ASC 点云文件和 SLC 层文件，并将非 STL 文件转换为 STL 文件

（续）

功能	说　　明
成形方向的选择	能够将多个零件快速放到加工平台上,并从库中调取各种不同 RP 成形机的参数,进行参数设置和修改。底部平面功能能够将零件转为所希望的成形角度
分层功能	可将 STL 文件切片,同时输出不同的文件格式(SLC、CLI、F&S 和 SSL 格式),并执行切片校验
STL 操作	可直接对 STL 文件进行编辑和修改,具体操作包括移动、旋转、镜像、阵列、拉伸、偏移、分割、抽壳等功能
支承设计模块	能自动设计多种形式的支撑。例如可设置点状支撑,点状支撑容易去除,并易于保证支撑面的光洁

四、视频讲解

2.2

五、课堂讨论

请同学们根据自己对 3D 打印的理解，分组讨论以下问题：

1）你觉得什么样的文件可以用于 3D 打印？

2）你认为 STL 文件有什么样的特点？

3）你认为 STL 文件常见的错误有哪些？

六、思考与练习

1）什么是 STL 文件？STL 文件的精度取决于什么？

2）STL 文件的基本规则有哪些？

3）STL 格式转换常见的软件有哪些？

4）在实际快速原型制作过程中，如果所要制作的原型尺寸过大，应该怎么处理？

2.3　三维模型的切片处理

一、课堂引入

3D 打印切片就是对三维模型数据处理过程的简称。3D 打印机配套的有一个切片软件，这个切片软件就是对要打印的三维模型文件进行打印参数设置的软件。参数设置好后，选择视图中的切片按钮，这个软件就可以自动计算数据，最终获得 3D 打印机可以识别的一种 G 代码文件。这个文件传输给 3D 打印机就可以打印了。

二、相关知识

3D 模型文件是 3D 打印必不可少的，建立三维 CAD 模型文件之后，还需要对模型进行近似处理或修复近似处理可能产生的缺陷，再对模型进行切片处理，才能获得 3D 打印机所能接受的模型文件。

1. 三维模型文件的近似处理

由于工件的三维模型上往往有一些不规则的自由曲面，所以成形前必须对其进行近似处理。目前在 3D 打印中最常见的近似处理方法是将工件的三维 CAD 模型转换成 STL 模型，即用一系列小三角形平面来逼近工件的自由曲面。

选择不同大小和数量的三角形就能得到不同曲面的近似精度。经过上述近似处理的三维模型称为 STL 模型，它由一系列相连的空间三角形面片组成。STL 模型对应的文件称为 STL 格式文件。典型的 CAD 软件都有转换和输出 STL 格式文件的接口。

2. 三维模型文件的切片处理

3D 打印是按每一层截面轮廓来制作工件的，因此，成形前必须在三维模型上用切片软件沿成形的高度方向，每隔一定的间隔（即切片层高）进行切片处理，以便提取截面的轮廓。层高间隔的大小根据被成形件的精度和生产率的要求选定。

层高间隔越小，精度越高，但成形时间越长。层高间隔一般为 0.05~0.5mm，常用 0.1~0.2mm，在此取值下，能得到相当光滑的成形曲面。切片层高间隔选定之后，成形时每一层叠加材料的厚度应与之相适应。显然，切片层的间隔不得小于每一层叠加材料的最小厚度。

在 3D 打印中，切片处理及切片软件是极为重要的。切片的目的是将模型以片层方式来描述。通过这种描述，无论零件多么复杂，对每一层来说却是很简单的平面。

切片软件是根据意思起的一个抽象名字，可以这么理解，打印机的工作原理是层层堆积，层层叠加，那么切片软件的功能就是把一个完整的三维模型分成很多个层。其实专业点来说，它是规划好了打印机 X、Y、Z 轴的行走路径以及挤出机的挤出量，并保存为打印机能够识别的格式文件，是三维文件到 3D 打印中间的一个预处理阶段。

3. 常见的切片软件

常见的切片软件有 Cura、S3d、Repetier Host，它们的图标如图 2-7 所示。

图 2-7 常见的切片软件图标

（1）Cura Cura 是目前市场上使用最广泛的开源切片软件，这是一款中文的 3D 打印切片软件。Cura 是 Ultimaker 公司的产品，刚开始主要为自己的产品配套使用，就是著名的 UM 系列的 3D 打印机，后来逐渐开源了该切片软件。Cura 具有快速的切片功能，具有跨平台、开源、使用简单等优点，能够自动进行模型准备和模型切片。

（2）S3d S3d 全称是 Simplify 3D（3D 打印切片软件）是一款强大的 3D 打印切片软件，受到世界各地创新者、工程师和专业用户的青睐。其强大的、全合一的软件应用程序简化了 3D 打印的过程，同时提供了强大的定制工具，使用户能够在 3D 打印机上获得更高质量的结果。该软件支持数百个 3D 打印机品牌，并可通过广泛的行业合作伙伴名单在全球范围内使用。它已经与 30 多个国家的 3D 打印公司合作，以确保该软件与最新的 3D 打印硬件兼容。

（3）Repetier Host 这款软件使用便捷，易于设置，具有手动调试、模型切片等一系列功能。这款软件非常适合创客发烧友使用，更方便、更廉价、更适合手动调整。很多自己组装 3D 打印的发烧友都在用这款软件，尤其适合在没有显示屏的设备上使用。

三、切片方法

本任务简单介绍一下 Cura 的切片方法。Cura 切片速度相对较快，适合切较大或者较为复杂的模型。

1. 安装

双击 Cura_14.07.exe 安装 Cura（安装路径不要有中文）。

2. 设置

（1）Basic（基本）设置　基本设置界面如图 2-8 所示。

1）Quality（质量）：

① Layer height（层高）：一般为 0.1~0.3mm，用户可根据需要设置。层高越小，精度越好，但是耗时越久。

② Shell thickness（外壳厚度）：就是边缘的层厚，这个值必须大于喷嘴直径。外壳厚度在很大程度上决定了打印件的坚固度。

③ Enable retraction（开启回抽）：建议选中该复选按钮，在打印头空移时可大大降低拉丝现象。回抽效果差曾经是 Cura 的一大弊端，现在好多了。

2）Fill（填充）：

① Bottom/Top thickness（底部/顶部厚度）：决定了底面的牢固程度，以及上下表面的视觉效果。一般来说，推荐这个值和外壳厚度相等，并且是层厚和喷嘴直径的公倍数。比如，层厚为 0.15mm，喷嘴直径为 0.4mm，那么满足这个要求的最小底部厚度和外壳厚度应该为 1.2mm。这样可以使打印出来的模型更加坚固。

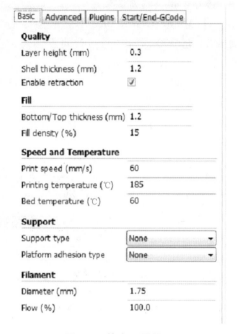

图 2-8　基本设置界面

② Fill density（填充率）：这里是百分数，填 0~100 之间的数，表示不同的填充密度，一般模型建议 15% 即可。

3）Speed and Temperature（速度和温度）：

① Print speed（打印速度）：后面会有更详细的设置，这里一般设置为 50~60mm/s 即可。

② Printing temperature（打印头温度）：PLA 为 185℃，ABS 为 230℃。

③ Bed temperature（热床温度）：PLA 为 60~70℃，ABS 为 95~110℃。

4）Support（支撑）：

Support type（支撑类型）：有两种，一种是 touch building，就是只建立与平台接触的支撑；另一种是 everywhere，就是模型内部的悬空部分也会建立支撑。当然用户也可以选 None（无支撑）。

5）Filament（耗材）：Diameter 改成 1.75mm，Flow 无须改动。

（2）Advanced（高级）设置　高级设置界面如图 2-9 所示。

1）Machine（机器）：Nozzle size（喷嘴大小）：改成 0.4mm。

2）Retraction（回抽）：

① Speed（速度）：设置为 40.0mm/s。

② Distance（距离）：建议 3.5mm，4.5mm 有可能引起卡丝。

3）Quality（质量）：第一项为首层层厚，一般设置为 0.2mm；其他无须改动。

4）Speed（速度）：

① Travel speed（空走速度）：非打印时喷头速度，默认为150mm/s，无须改动。

② Bottom layer speed（底层速度）：第一层打印效果很重要，建议小样设置为20mm/s，大样为30mm/s。

③ Infill speed（填充速度）：设置为50~70mm/s。

④ 下面两个分别是内外轮廓线的速度，建议设置为30mm/s，太快会影响外表面质量。

5）Cool（冷却）：

① Minimal layer time（每层最少打印时间）：为保证 PLA 充分冷却的时间，时间不够时，会自动调整打印速度，采用默认值即可。

② Enable cooling fan（开启冷却风扇）：打印 PLA 时选中该复选按钮。

（3）Expert（专家）设置　专家设置界面如图 2-10 所示。

1）Retraction（回抽）选项区中的 Enable combing（开启搜索）：在打印比较规整的模型时选中该复选按钮，可节约打印时间；如果模型比较复杂，建议不要选

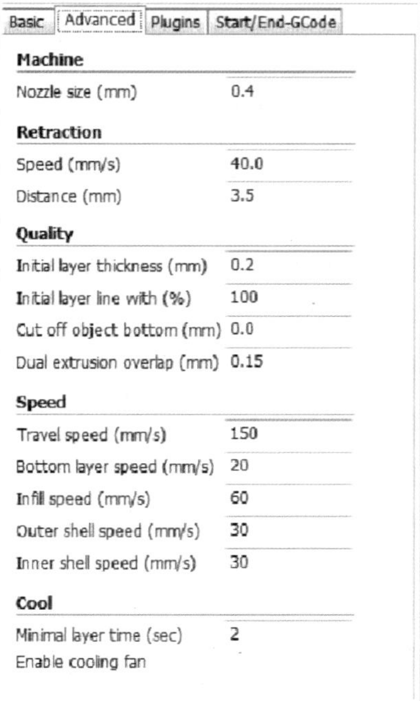

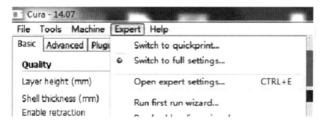

图 2-9　高级设置界面

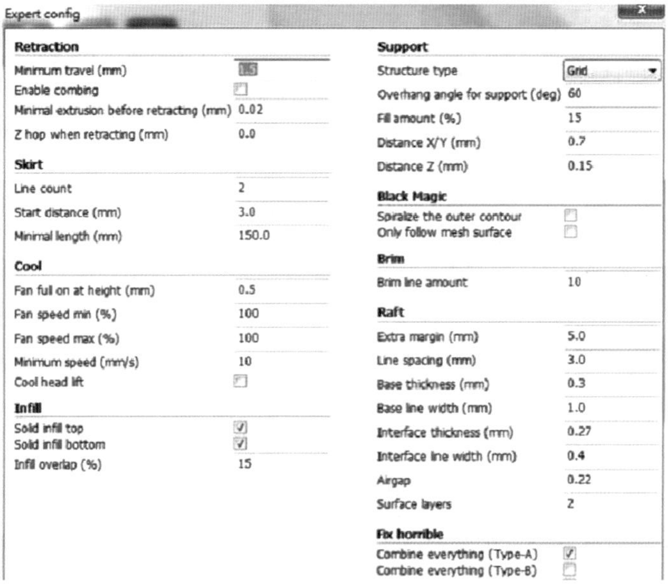

图 2-10　专家设置界面

中该复选按钮，否则会影响回抽效果，从而使拉丝严重。

2）Spiralize the outer contour（螺旋形外轮廓）：打印单层薄壁模型时选中该复选按钮，否则不能正确切片。下次打印时应取消选中该复选按钮，否则所有模型都成单层了。

3）Brim line amount（边缘线数量）：设置为10。

其他都保持默认设置即可。

3. 切片

（1）载入模型　单击载入模型图标（图2-11），载入需要切片的模型。

（2）旋转、放大操作　单击载入的模型（这样才能选中模型），然后进行旋转和放大操作，如图2-12所示。

（3）保存G代码文件　等到切片的进度条完成，则切片完成，单击"File"→"Save GCode"，保存G代码文件，如图2-13所示。

图 2-11　载入模型图标

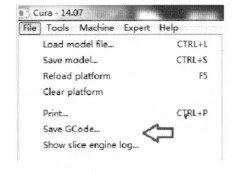

图 2-12　旋转和放大操作图标

图 2-13　保存 G 代码文件

四、视频讲解

2.3

五、课堂讨论

请同学们根据自己对3D打印的理解，分组讨论以下问题：

1）什么是3D切片软件？它能做什么？

2）常见的3D切片软件有哪些？优缺点？

3）3D打印文件常用哪几种格式？

六、思考与练习

1）你们了解哪一种或哪几种切片软件？

2）你知道软件界面中每个参数的含义吗？

3）如何通过合理设置参数来提高打印质量？

2.4　打印3D模型

一、课堂引入

你最想打印一个什么物品？为什么？你觉得3D打印出这个物品需要进行哪些操作步骤？你认为在打印过程中哪个步骤是最关键的？本任务将操作3D打印机进行打印。

二、相关知识

1. 将模型转换为STL格式

设计软件和打印机之间协作的标准文件格式是STL文件格式。平时选择模型时要选择STL格式。如果设计的3D模型不是STL格式，那么将其转换成打印机可以识别的STL格式是3D打印关键的一步。

2. 将模型进行切片

有了STL格式的模型之后还需要在计算机上安装相应的3D打印切片软件，用它来实现3D模型的参数调整，并将模型切片，转换成3D打印机可以识别的格式，最后才能将模型发送到打印机打印。打印机识别的格式一般是X3G、GCode格式。

3. 选择材质，使打印机正常进丝

目前桌面级3D打印机最常用的就是PLA和ABS两种材质，其次是光敏树脂液体材料，以及金属、陶瓷粉末等材料。当然，不同的机型适用的材料是不一样的，要根据打印物品的需要准备好打印材料，并在打印机上安装好，使机器能够正常进丝。

三、3D打印机的使用

1. 打印机底板调平

1）连续按左方向键，返回主菜单，界面显示如图2-14所示。

2）按向下键选择"调试"选项，如图2-15所示。

图2-14　主菜单显示界面

图2-15　选择"调试"选项

3）选择"底板调平"选项后，按中间键确认后显示界面如图2-16所示。

4）按向下键选中"调平底板"选项，按中间键确认，进入调平模式，再连续按五次中间键，这时屏幕显示"请稍等"（图2-17）并且墨头开始移动，准备在底板上选取第一个调试点。

5）此时将相片纸（A4纸）按图2-18所示的方式铺在底板上，等待喷头找到第一点并调平。

图2-16 "底板调平"显示界面

图2-17 "请稍等"显示界面

6）当界面显示如图2-19所示时，则表示喷头已经找好第一个点，这时可以开始对前面的两个点进行调节。

图2-18 铺相片纸

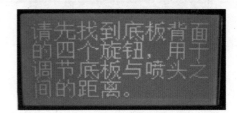

图2-19 调节距离

7）可以看到，如图2-20所示，喷头已经压在了相片纸（A4）纸上，这时轻轻拉动相片纸，如果相片纸可以拉动但是感觉到有轻微的阻力为最佳状态。如果相片纸被紧紧咬住或者感觉不到丝毫阻力，则还需要调节底板与喷头的间距使之合适。

8）如果喷头与底板间距过小（相片纸被咬住）或者过大（感觉不到阻力），则需要通过调节底面四个螺钉（图2-21）来调节底板高度，具体操作为：俯视底板，顺时针旋动螺钉为上升底板，逆时针旋动螺钉为下降底板，直到调至合适高度为止。

图2-20 拉动相片纸

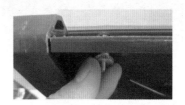

图2-21 调节螺钉

9）按中间键进入下一个点的测试，重复上述操作，依次调试前、后、左、右、中心五个点。调试结束后，界面如图2-22所示。

10）按一下确认键完成调试。调试完成后可再重新调试一遍，确保打印底板水平。不同型号的打印机调平方法不尽相同，但都要保证打印头和底板之间的距离适中，并保持水平。

2. 打印机预热

1）"开始预热"为机器预热选项，按确认键进入预热界面，如图2-23所示。

图2-22 调试结束界面

图2-23 预热界面

2）如果想要左头和底板加热，按向下键选择"左头"选项，按中间确认键，"关"状态转换成"开"，此时按向上键，选择"开始预热"选项，左头和底板即为加热状态，如

图 2-24 所示。

3）如果想要设置左、右打印头及加热板的预热温度，主界面选择"信息和设置"选项，单击确认键进入"预热设置"选项，如图 2-25 所示。

图 2-24　加热状态

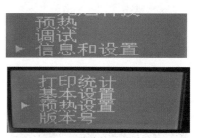

图 2-25　"信息和设置"和"预热设置"选项

4）在"预热设置"选项内，例如要设置右头预热温度，单击确认键后箭头指到温度，如图 2-26 所示。

5）此时按向上键为增温，按向下键为降温。预设完毕后，单击确认键，保存已设置的温度，如图 2-27 所示。

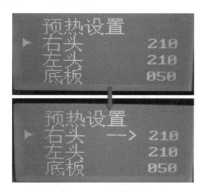

图 2-26　选择温度

图 2-27　保存温度

3. 开始打印

1）将切片模型导入打印机。找到打印机上的 SD 卡插槽（在按键的右边），将 SD 卡正面向前，按照图 2-28 所示的方向压入卡槽内，注意内存卡一定要确认对准卡槽后压入。

2）打开打印机电源开关。

3）按向下键选择"SD 卡文件"选项（图 2-29），按中间键确认，界面上列出 SD 卡中保存的 x3g 文件列表，如图 2-30 所示。

图 2-28　插入 SD 卡

图 2-29　选择"SD 卡文件"选项

4）通过按向上、向下键选中想要打印的文件，按中间键确认，机器准备进行打印，底板（热床）、喷头（热头）开始预热，界面显示当前底板、喷头的温度以及加热进度，如图 2-31 所示。

图 2-30 选择文件   图 2-31 开始预热

5）加热完成，开始执行打印任务，这时界面显示任务完成进度以及底板、喷头的当前温度，如图 2-32 所示。

6）当打印进度达到 100% 时，界面显示打印完成，机器发出音乐提示，同时底板降至最低，喷头回到初始位置，打印完成，如图 2-33 所示。

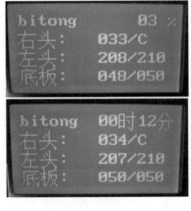

图 2-32 开始打印

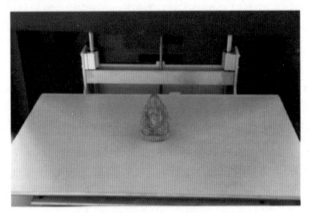

图 2-33 打印完成

4. 打印结束

在一段时间内打印结束，喷头自动归位，为方便取下打印好的模型，可以先将打印平台拆下来，然后用刮板轻轻地将模型从平台上刮下来。如果时间充足，也可以在模型冷却后再将其从平台上拿下来（有些打印机的平台是固定的无法拆下）。

当料架上剩余的料不足以下一次打印，或者需要更换颜色时，必须首先进行退料、续料操作，然后再给打印机换上新料。

四、视频讲解

2. 4

五、课堂讨论

请同学们根据自己对 3D 打印的理解，分组讨论以下问题：

1）你认为 3D 打印进行到这里就彻底结束了么？如果不是，还需要进行哪些工作？

2）试着复述一遍 3D 打印机的操作过程，其他同学进行补充与修正。

3）你认为在打印过程中哪个步骤是最关键的？

六、思考与练习

1）不同的打印机，操作方法也不同，你使用的打印机如何操作？

2）打印过程中，如何提高打印质量和成功率？

3）打印结束，如何进行后处理？后处理内容有哪些？

项目3 3D打印技术的类型

自 20 世纪 80 年代美国出现第一台商用 3D 打印设备后，在近 40 年时间内，3D 打印技术不断拓展出新的技术路线和实现方法。目前主流的五种 3D 打印技术分别为：熔丝堆积成形（Fused Deposition Modeling，FDM）、光敏树脂液相固化成形（Stereo Lithography Appearance，SLA）、选择性激光粉末烧结成形（Selective Laser Sintering，SLS）、三维打印成形（Three Dimension Printing，3DP）、薄片分层叠加成形（Laminated Object Manufacturing，LOM），每种类型又包括一种或多种技术路线。目前各类技术逐渐向低成本、高精度、多材料方面发展。

目前，可直接制造金属零件的 3D 打印技术有基于同轴送粉的激光近净成形（Laser Engineering Net Shaping，LENS）和基于粉末床的选择性激光粉末熔化（Selective Laser Melting，SLM）及电子束熔炼（Electron Beam Melting，EBM）。激光近净成形（LENS）技术能直接制造出大尺寸的金属零件毛坯；选择性激光粉末熔化（SLM）技术和电子束熔炼（EBM）技术可制造复杂精细金属零件。

【项目目标】

（1）掌握主流的五种 3D 打印技术。

（2）掌握 3D 打印技术的基本要求和成形过程。

【知识目标】

（1）了解基于激光或其他光源的快速成形技术原理。

（2）了解熔融沉积成形技术原理。

（3）了解三维打印成形技术原理。

【能力目标】

（1）能叙述 3D 打印技术的发展过程。

（2）能叙述主流的 3D 打印技术。

（3）学会分析 3D 打印技术成形原理与工艺。

【素养目标】

（1）培养学生的学习方法、学习策略和学习技能，使其能够有效地获取和整合知识。

（2）培养学生获取、评估、组织和利用信息的能力，包括信息搜索、信息筛选、信息整合和信息创新的能力。

3.1 熔丝堆积成形（FDM）

一、课堂引入

生活中，人们或许曾纠结形象各异的小装饰品究竟是如何生产出来的，其实很多是通过熔融沉积成形技术生产的。本任务就一起来学习它。

熔丝堆积成形（FDM）技术是一种不使用激光加工器加工的方法，不涉及高温、高压等危险要素，该工艺设备使用、维护简单，成形速度快，无污染，一般仅需几个小时就可将复杂原型打印出来，是成本较低的 3D 打印技术。随着熔丝堆积成形（FDM）工艺不断改善，其设备变得更加轻便、便宜，逐渐进入人们日常生活当中。熔丝堆积成形（FDM）设备及产品如图 3-1 所示。

图 3-1　FDM 3D 打印设备及产品

二、相关知识

1. 熔丝堆积成形（FDM）工艺技术的基本过程

熔丝堆积成形（FDM）工艺是一种将各种热熔性的丝状材料（PLA、ABS 等）加热熔化，在计算机控制下逐层堆积成形的工艺方法，又称为熔丝沉积制造。其工艺原理如图 3-2 所示，丝状的热塑性材料通过加热棒加热到熔融状态，从喷头中挤出，打印喷头按照控制系统指令沿着零件截面轮廓轨迹运动，将熔融状态的材料按照自动生成的路径涂覆在工作台上，迅速冷却后形成截面轮廓，当前层成形后，工作台下降特定高度再进行下一层的涂覆，材料按照分层数据逐层堆积形成三维产品。

2. 熔丝堆积成形（FDM）的优缺点

（1）优点　熔丝堆积成形技术之所以能够得到广泛应用，主要是由于其具有其他快速成形工艺所不具备的优势，具体表现为以下几方面：

1）熔丝堆积成形（FDM）工艺原理简单，操作容易实现，有利于采用该工艺的 3D 打印设备实现小型化和便携化。

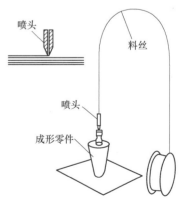

图 3-2　熔丝堆积成形（FDM）的工艺原理

2）熔丝堆积成形（FDM）工艺设备不需要激光器、扫描振镜等昂贵部件，设备费用低。另外原材料的利用效率高且没有毒气或化学物质的污染，使得成形成本大大降低。

3）后处理过程比较简单。FDM所采用的支撑结构很容易去除，尤其是模型的变形比较微小，原型制件的支撑结构只需要经过简单的剥离就能直接使用。

4）成形材料种类很多、来源广泛，成本相对较低。

（2）缺点　和其他快速成形工艺相比较而言，熔丝堆积成形技术在以下方面还存在一定的不足。

1）由于坐标轴及送丝机构为机械运动，受惯性、热塑性材料的温度和拉伸变形影响，喷头的速度和成形速度慢，效率低，不适合构建大型零件。

2）受丝状的热塑性材料直径变化、运动精度、成形温度及机架的结构刚度等影响，打印后的模型尺寸精度较低。

3）因为挤出的丝材是在熔融状态下进行层层堆积的，而相邻层面之间的黏结力是有限的，所以成形制件在厚度方向上的结构强度较弱，需要设计和制作支撑结构。

4）喷头容易发生堵塞，不便维护。

3. 熔丝堆积成形（FDM）材料

熔丝堆积成形（FDM）工艺材料主要分为两类：一类是成形材料，另一类是支撑材料。常用的成形材料有工程塑料PLA、ABS、石蜡、铸蜡、尼龙、PPSF（聚苯砜）及ABS和PS（聚苯乙烯）的混合料等。

熔丝堆积成形（FDM）要与其他技术竞争，复合材料将是该技术成为主流技术的背后驱动力之一，再者就是设备问题。以上这些材料给人们的很大启示就是材料的掺杂和复合，几种材料掺合一下就能得到意想不到的性能。碳纤维与PEEK（聚醚醚酮）、尼龙材料复合可以实现金属的强度但却比金属更轻，大可以在某些领域替代金属。在TPU（热塑性聚氨酯）中加入石墨烯，加工成可导电的TPU线材，可以打印柔性传感器、射频屏蔽、柔性导电线路以及可穿戴式电子产品。

4. 熔丝堆积成形（FDM）应用

3D打印平台借助于熔丝堆积成形（FDM）技术，能够广泛应用于教育、艺术创意、建筑设计等行业。

1）在教育行业的课堂教学中，通过FDM把课本上的内容具象化，如将其用到化学课上常用的原子模型、教学用具模具的制作工作，让学习内容变得更为简单。

2）熔丝堆积成形（FDM）技术同样也能够应用于艺术创意行业，在与艺术、设计以及动漫等创意领域合作时，通常会凭借自身具备的无须组装、材料无限组合、零技能制造、设计空间无限等特点，能够满足艺术爱好者的个性化需求，实现其个性化创意。

3）随着3D打印平台工作经验的越发成熟，人们将熔丝堆积成形（FDM）技术的应用拓展至建筑设计行业。借助该打印技术，整个建筑模型制造过程被划分为拍照、建模、打印三个阶段，而这一操作模式相较于软件画图、按照图样制作等方式显然更为精准、快捷。

三、熔丝堆积成形（FDM）工艺打印过程

熟悉熔丝堆积成形（FDM）工艺打印过程并进行打印实习。

1. 设计模型

根据需要通过CAD软件设计出需要打印的模型，然后利用切片软件对模型进行处理，在对打印机操作前，先要通过切片软件对层高、壁厚、填充密度、打印速度、喷头温度、支撑类型等参数进行设置，生成分层打印路径，将模型切片后保存到SD卡里。

2. 进行打印

首次使用时，需要先将耗材导入 3D 打印机，然后调整机器平台，平台调整完毕后，即可选择模型进入打印模式。如果不是首次打印，是隔天打印或者是连续打印这种，可以不需要调整平台，直接选择需要的模型就可以。丝状的热塑性材料经由送丝结构送至打印喷头，经过加热融化后从喷头挤出涂覆在工作台上，冷却后凝固，工作台下降一个层高。按照分层打印路径数据，每打印完成一个层面，工作台随之下降一个层高，一直重复这样的操作，直到打印完成整个模型。

3. 打印后处理

待打印完成之后，从工作台上取下模型，然后对模型进行去除毛刺、打磨等后处理，以获得需要的最终产品。

四、视频讲解

3.1

五、课堂讨论

如何利用熔丝堆积成形（FDM）技术打印出符合设计要求的产品呢？

六、思考与练习

1）什么是熔丝堆积成形（FDM）技术？它的原理是什么？

2）熔丝堆积成形（FDM）技术的优缺点有哪些？

3.2　光敏树脂液相固化成形（SLA）

一、课堂引入

如图 3-3 所示，这两个精致的产品大家知道是如何加工出来的吗？它们是用光敏树脂液相固化成形（SLA）技术加工出来的，本任务将介绍这项快速成形技术。

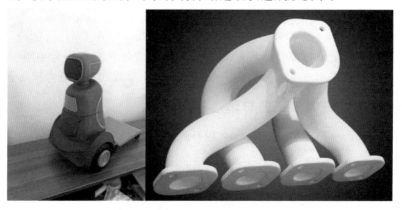

图 3-3　光敏树脂液相固化成形（SLA）技术打印产品实例

二、相关知识

1. 光敏树脂液相固化成形（SLA）技术基本过程

光敏树脂液相固化成形（SLA）技术是基于离散/堆积的思想，以液态光敏树脂作为成形原料，激光光束通过数控装置控制的扫描器，按设计的扫描路径照射到液态光敏树脂表面，使表面特定区域内的一层树脂固化，当一层加工完毕后，就生成零件的一个截面，然后升降台下降一定距离，固化层上覆盖另一层液态树脂，再进行第二层扫描，第二固化层牢固地黏结在前一固化层上，这样一层层叠加而成三维零件原型，如图 3-4 所示。

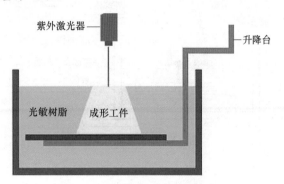

图 3-4 光敏树脂液相固化成形（SLA）技术基本过程

2. 光敏树脂液相固化成形（SLA）技术的优缺点

（1）优点 从光敏树脂液相固化成形（SLA）技术的原理和它所使用的材料来看，它主要有如下优点：光敏树脂液相固化成形技术是最早出现的快速成形制造工艺，成熟度最高；成形速度较快，系统工作相对稳定；可以打印的零件尺寸也比较大；后期处理，特别是上色都比较容易；尺寸精度高，表面质量较好，比较适合制作小件及较精细件。

（2）缺点 光敏树脂液相固化成形（SLA）技术的不足之处在于：

1）设备造价较高，使用和维护成本高；

2）对工作环境要求苛刻；

3）成形件多为树脂类，强度、刚度、耐热性有限，不利于长时间保存；

4）这种成形产品对贮藏环境有很高的要求，温度过高会熔化；

5）需要设计工件的支撑结构，以便确保在成形过程中制作的每一个结构部位都能可靠定位。

综上所述，光敏树脂液相固化成形（SLA）技术主要用于制造多种模具和模型，还可以在原料中通过加入其他成分，用光敏树脂液相固化成形（SLA）原型模代替熔模精密铸造中的蜡模。光敏树脂液相固化成形（SLA）技术成形速度较快，精度较高，但由于树脂固化过程中产生收缩，不可避免地会产生应力导致形变，因此开发收缩小、固化快、强度高的光敏材料是其发展趋势。

3. 光敏树脂液相固化成形（SLA）技术的加工方式

光敏树脂液相固化成形技术的加工方式分为自由液面式和约束液面式。

（1）自由液面式 如图 3-5 所示，自由液面式中，液槽中盛满液态光敏树脂，一定波长的激光光束按计算机的控制指令在液面上有选择地逐点扫描固化，每层扫描固化后的树脂便形成一个二维图形。一层扫描结束后，升降台下降一层厚度，然后进行第二层扫描，同时新固化的一层牢固地黏结在前一层上，如此重复直至整个成形过程结束。

（2）约束液面式 如图 3-6 所示，约束液面式与自由液面式的方法正好相反，光从下面往上照射，成形件倒置于基板上，即最先成形的层片位于最上方，每层加工完之后，Z 轴向上移动一层距离，液态树脂充盈于刚加工的层片与底板之间，光继续从下方照射，最后完成加工过程。约束液面式可提高零件制作精度，不需使用刮平树脂液面的机构，制作时间大大缩短。

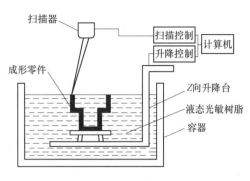

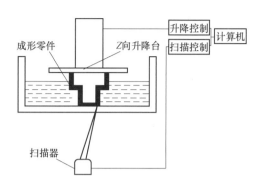

图 3-5   自由液面式   图 3-6   约束液面式

4. 光敏树脂液相固化成形（SLA）技术耗材

光敏树脂液相固化成形（SLA）原材料一般为液态的光敏树脂，是由光引发剂、单体聚合物与预聚体组成的混合物，可在特定波长紫外光照射下立刻引起聚合反应，完成固化，从而能够产出高精度的物体，如图 3-7 所示。对光敏树脂的性能要求有黏度低、固化收缩小、毒性小、成品强度高等。

图 3-7   光敏树脂液相固化成形（SLA）技术材料

5. 光敏树脂液相固化成形（SLA）技术的应用

光敏树脂液相固化成形（SLA）技术是最早出现的快速原型制造工艺，成熟度高。由CAD 数字模型直接制成原型，加工速度快，产品生产周期短，无需切削工具与模具，可以加工结构外形复杂或使用传统手段难于成形的原型和模具。使 CAD 数字模型直观化，降低错误修复的成本。为试验提供试样，可以对计算机仿真计算的结果进行验证与校核。光敏树脂液相固化成形（SLA）技术可以使用透明树脂类材料，并且成形表面质量光滑效果好，但是由于成形制件的强度低、成形过程中容易受到光污染且气味大等特点，主要应用在汽车外观件及结构件的验证、精密铸造中的蜡模、文化艺术领域等。

三、光敏树脂液相固化成形（SLA）工艺打印过程

光敏树脂液相固化成形（SLA）工艺的制作过程分为以下三步。

1. 设计模型

通过 CAD 软件设计出需要打印的模型，然后利用切片软件对模型进行切片处理，设置扫描路径，运用得到的数据控制激光扫描器和升降台。

2. 进行打印

激光光束通过扫描器，按设计的扫描路径照射到液态光敏树脂表面，直到完成整个三维零件原型。

3. 打印后的处理

待打印完成之后，从树脂液体中取出模型，然后对模型进行最终的固化和对表面进行后处理，以获得需要的最终产品。

四、视频讲解

3.2

五、课堂讨论

请同学们根据自己对 3D 打印的理解，分组讨论以下问题：

光敏树脂液相固化成形（SLA）技术与其他打印技术有哪些显著特点？

六、思考与练习

1）什么是光敏树脂液相固化成形（SLA）技术？

2）光敏树脂液相固化成形（SLA）技术的优缺点有哪些？

3.3　选择性激光粉末烧结成形（SLS）

一、课堂引入

实际生产中，有些零件结构复杂，加工难度大，要求高，需采用特殊工艺和技术进行制作。图 3-8 所示的汽车零件，就是采用选择性激光粉末烧结成形（SLS）技术加工制作的。下面我们来介绍一下这种 3D 打印技术。

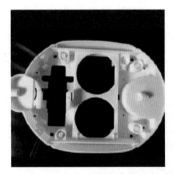

图 3-8　选择性激光粉末烧结成形（SLS）技术制作的汽车零件

二、相关知识

1. 选择性激光粉末烧结成形（SLS）技术的原理

选择性激光粉末烧结成形（SLS）技术利用粉末状材料在激光照射下高温烧结的基本原理，通过计算机控制光源定位装置实现精确定位，然后逐层烧结堆积成形。利用高强度激光（通常是红外激光束）把极细的粉末颗粒状高分子材料熔化。激光对水平压紧的粉末面进行逐层扫描，扫描完一层后工作平台下沉，然后在顶层喷上新的粉末进行下一步扫描，利用激光烧结使得熔化的粉末颗粒相互融合黏结。选择性激光粉末烧结成形（SLS）的工作原理如图3-9所示，粉末层层堆积，烧结黏结，实现三维成形。

2. 选择性激光粉末烧结成形（SLS）技术的材料

选择性激光粉末烧结成形（SLS）的成形材料有很多种，按不同的力学性能可分为粉末金属材料、非金属材料和多种尼龙混合材料。从理论上来说，几乎所有的可熔粉末都可以用来制造产品和模型。如重量极轻且力学性能强的碳纤维与尼龙的混合材料、铝粉和尼龙的混合材料、多种塑料混合材料及陶瓷材料等。最常使用的材料主要还是石蜡、聚碳酸酯、尼龙、纤细尼龙、合成尼龙、陶瓷、金属等，其中选择性激光粉末烧结成形（SLS）使用

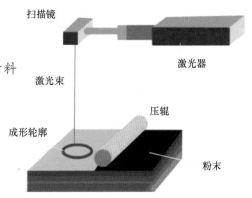

图3-9 选择性激光粉末烧结成形
（SLS）的工作原理

的材料超过90%是尼龙，故默认SLS为打印尼龙材料，而打印金属材料的为选择性激光粉末熔化（SLM）。

随着3D打印技术的不断发展，材料应用科学的不断进步，目前已经可以将打印出的塑料或者金属零部件直接应用到汽车、摩托车、电动自行车的生产中，体现了其在复杂构件的零部件生产中独特的技术优势。

选择性激光粉末烧结成形（SLS）技术主要采用铺粉工艺，整个装置由粉末缸和成形缸两部分组成。工作时粉末缸活塞（送粉机构）上升，由铺粉辊将一层粉末材料在成形缸活塞（工作平台）上均匀地平铺到已成形零件的上表面，并加热至恰好低于该粉末烧结点的某一温度，数字控制系统控制激光束按照该层零件截面轮廓对粉末层进行二维扫描，有选择地烧结固体粉末材料，使得该粉末层中需黏结点的温度升到熔化点，与下面一层已成形的部分实现黏合黏结，形成零件的一个层面。图3-10所示为激光选区烧结的工作过程，该层截面烧结完成后，工作平台自动下降了一层的厚度（由数字控制系统控制下降的距离），铺料辊在完成的零件截面上均匀铺上一层紧实的新粉末，进行新的一层截面的烧结，如此反复操作，层层相叠，直到完成整个三维模型的加工。激光烧结过程中未熔化的粉末作为支持材料，对模型的空腔和悬臂起着支撑作用，打印结束后回收剩余的未烧结粉末。最后，将未烧结的粉末回收到粉末缸中，并将加工好的成形零件取出。

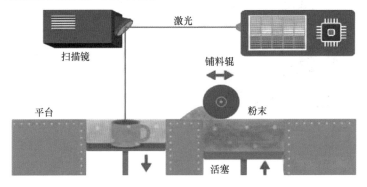

图3-10 选择性激光粉末烧结成形（SLS）的工作过程

3. 选择性激光粉末烧结成形（SLS）技术的特点

（1）优点

1）选择性激光粉末烧结成形（SLS）可使用的材料多。

2）精度较高。现在 SLS 生产的模型精度可以达到±0.2mm 的偏差。

3）不需要外加支撑。因为有在烧结过程中未熔化的粉末作为支持材料，所以 SLS 生产过程中无须额外的支撑结构，叠加层级过程中出现的悬空层可以直接由未烧结的粉末来进行支撑，这是选择性激光粉末烧结成形（SLS）技术最大的优点之一。尤其是在制作具有薄片结构、悬臂结构和复杂几何图形的模型时，这种优势表现得更加显著。

4）用料节约，材料的利用率高。由于不需要支承，无须另外添加底座，而且在打印结束后还可以将未烧结的剩余粉末进行回收，所以这是其他几种 3D 打印技术中材料利用率最高的，因此价格也相对便宜，只比 SLA 稍贵一些。

5）成形零件性能分布广泛，用途较广。

（2）缺点

1）打印的成品零件会收缩变形。尼龙和其他粉末材料在烧结之后会沿着三维方向收缩变形。收缩率通常取决于多种原因，主要包括：使用的粉末类型种类不同、用于烧结颗粒的激光能量强度大小、零件的形状复杂度、冷却过程中温度的变化。

2）后处理工序复杂。从模型块中挖出零件后，需用吸尘器、刷子等移除多余的粉末，也可以使用吹风机吹去残剩的粉末颗粒。粉末烧结好的打印零件的表面粗糙，还需进行打磨等后处理，零件的力学性能也不足，还需进行加热固化，增加强度。除此之外，其他的工序也需要花费大量的时间，如磨砂、染色以及对表层进行涂装、浸渍等。

3）颜色易变、易潮湿变形。多孔结构的打印成品零件会从空气中吸收大量的粉尘、油或者水，从而使得成品的颜色发生改变（例如从白色转变成象牙色），同时成品的重量、形状也会发生改变。由于打印工作台是埋没在粉末中的，即使材料不接触到激光束，每次使用后的剩余粉末材料也会遭到一些损坏。因此，选择性激光粉末烧结成形（SLS）打印机希望一次装载好以后，尽可能地打印较多的零件模型。

4）加工机械昂贵，材料损耗大。选择性激光粉末烧结成形（SLS）打印机损耗巨大。工业用的最便宜的桌面级打印机的价格为几万元，这仅仅是打印机的价格。若算上清洗、后期处理、完成固化更需要一大笔的费用。加工设备的制造和维护成本很高。粉末材料的价格也非常昂贵，而且每次设备在单次使用的时候还会"吞掉"大量的粉末材料。因此，若需要完成工业级的产品，至少需要为高等级设备系统准备超过几百万元的投资。

5）每次都必须更新粉末。大多数选择性激光粉末烧结成形（SLS）打印机在激光烧结粉末前都需要预热粉末，因此材料都会因为温度改变而受到一些损坏。有些材料可以重复使用（可循环利用），可是，使用旧粉末打印会导致不好的结果。因此，一般情况下建议将使用过和未使用的材料按一定比例混合后再使用。根据材料和使用的设备类型，超过 85% 的粉末是可以被循环使用的，但是依然会浪费掉许多被损坏的和无法继续使用的未烧结过的粉末材料。

4. 选择性激光粉末烧结成形（SLS）技术的应用

选择性激光粉末烧结成形（SLS）技术主要的应用可以体现在：

（1）新产品的外形研制和开发　可以快速制造出模型，缩短从设计到制造出产品的时间，使客户更加快速直观地看到最终产品的模型。

（2）人工器官移植领域　选择性激光粉末烧结成形（SLS）技术可以广泛应用于骨骼、牙齿、心脑血管的支架等制造领域中。

（3）医疗卫生的临床辅助诊断　可以应用选择性激光粉末烧结成形（SLS）打印出一个仿真环境，供专家进行临床研究。

（4）艺术品的仿真及制作　可以创作抽象的艺术品，也可以将选择性激光粉末烧结成形（SLS）技术用于对珍贵艺术品进行仿真制作。

（5）制作复杂的熔模和砂型构件　应用选择性激光粉末烧结成形（SLS）技术可以直接

制作熔模模具进行工业应用。

（6）微型机械设备的研究和开发　对市场上小批量、特殊零件的加工需求，用传统的制造方法，成本较高，而应用选择性激光粉末烧结（SLS）技术就可以大大降低制作成本。

三、选择性激光烧结成形（SLS）工艺打印过程

同光敏树脂液相固化成形（SLA）相类似，选择性激光粉末烧结成形（SLS）打印工艺的制作过程也分为三步：第一步是设计模型，第二步是进行打印，第三步是打印后的处理。

1. 设计模型

通过 CAD 软件设计出需要打印的模型，然后利用切片软件对模型进行切片处理，设置扫描路径，运用得到的数据控制激光扫描器和工作台。

2. 进行打印

激光光束通过扫描镜，按照设计好的扫描路径有选择地烧结固体粉末，直到完成整个三维模型的加工。

3. 打印后的处理

待打印完成之后，将未烧结的粉末回收到粉末缸中，并取出成形零件。然后使用刷子或者压缩空气把模型表面的粉末去掉，对表面进行喷漆等后处理，以获得最终需要的产品。

四、视频讲解

3.3

五、课堂讨论

请同学们根据自己对 3D 打印的理解，分组讨论 SLS 技术的原理，了解 SLS 技术的特点。

六、思考与练习

1）什么是选择性激光粉末烧结成形（SLS）技术？它的原理是什么？
2）选择性激光粉末烧结成形（SLS）技术的优缺点有哪些？
3）如何利用选择性激光粉末烧结成形（SLS）技术打印出符合设计要求的产品？

3.4　三维打印成形（3DP）

一、课堂引入

图 3-11 所示的模型，都是由三维打印成形（Three Dimension Printing，3DP）完成的。什么是三维打印成形技术呢？在本任务中将介绍其基本原理和相关技术。

二、相关知识

1. 三维打印成形（3DP）的原理

从工作方式来看，三维打印成形和传统二维喷墨打印最为接近。与选择性激光粉末烧结成形（SLS）工艺一样，三维打印成形（3DP）也通过将粉末黏结成整体来制造零部件。两者

图 3-11　三维打印成形（3DP）技术制作的模型

的不同之处在于，三维打印成形（3DP）技术不是通过激光熔融粉末的方式进行黏结，而是通过喷头上的喷嘴喷出的黏结剂，使粉末颗粒相互黏结起来的。三维打印成形（3DP）的工作原理如图 3-12 所示，它通过喷头喷射黏结剂，将粉末一层层堆积黏结成形。

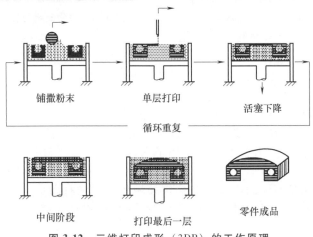

图 3-12　三维打印成形（3DP）的工作原理

1）三维打印成形（3DP）的供料方式与选择性激光粉末烧结成形（SLS）一样，供料时将粉末通过水平压辊平铺于打印平台之上。

2）将带有颜色的黏结剂通过加压的方式输送到打印机头中存储。

3）和二维喷墨打印机类似，首先系统根据三维模型的颜色将彩色的黏结剂进行混合并选择性地喷在粉末平面上，粉末遇黏结剂后会黏结为实体。

4）一层黏结完成后，打印平台下降，水平压辊再次将粉末铺平，然后再开始新一层的黏结，如此反复层层打印，直至整个模型黏结完成。图 3-13 所示为 3DP 的工作过程。

5）打印完成后，回收未黏结的粉末，吹净模型表面的粉末，取出模型，进行包括将模型用透明黏结剂浸泡等后处理，此时模型就具有了一定的强度。

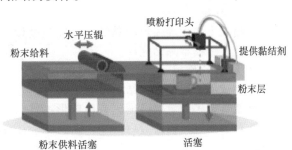

图 3-13　三维打印成形（3DP）的工作过程

2. 三维打印成形（3DP）的特点

（1）优点

1）三维打印成形（3DP）的成形速度快，设备价格相对低廉，粉末通过黏合剂结合，而不是用其他的工艺在保护状态下进行烧结，并且可以由一个喷头使用多个喷嘴进行工作。

2）可实现有渐变色的全彩色 3D 打印，可以完美体现设计师在色彩上的设计思想和意图。

3）可以采用有颜色的黏结剂，使用多种粉末材料进行打印。

4）打印过程中无需支撑材料，不但避免了去除支撑材料的后处理过程，而且也降低了材料成本。

5）可以实现大型工件的打印。

6）工作环境比较清洁。

（2）缺点

1）三维打印成形（3DP）的产品力学性能差，强度、韧性相对较低，通常只能作为样品展示（图 3-14），无法适用于功能性试验。

2）需要综合考虑粉末材料及黏结剂材料的性能和粒度、形状及成分对成形件的影响。

3）模型精度和表面质量都比较差。

图 3-14　采用三维打印成形（3DP）的模型

4）零件成形后需进行去除粉末、固化、包覆等后处理。

5）材料的快速成形特性不仅和材料本身性质有关，还和成形的方法、制件的三维结构等有关。

6）原材料价格比较贵。

3. 三维打印（3DP）成形的应用

采用三维打印成形（3DP）技术的 3D 打印，应用于砂模铸造、建筑、工艺品、食品、动漫、影视等方面，目前有些 3D 照相馆也采用了三维打印成形（3DP）技术的 3D 打印机打印立体照片。可以用三维打印成形（3DP）打印巧克力，制作出各种不同的造型，还可打印各式各样的珠宝首饰，满足不同的需求。在建筑领域里，三维打印成形（3DP）可以快速、低成本、环保地按照设计者的要求打印出建筑模型，制作精美又节省材料。

三、三维打印成形（3DP）工艺打印过程

同选择性激光粉末烧结成形（SLS）相类似，三维打印成形（3DP）的制作过程也分为三步：第一步是设计模型，第二步是进行打印，第三步是打印后的处理。

1. 设计模型

通过 CAD 软件设计出需要打印的模型，然后利用切片软件对模型进行切片处理，设置扫描路径，运用得到的数据控制喷头和工作台。

2. 进行打印

通过喷头上的喷嘴喷出的黏结剂，按照设计好的扫描路径有选择的使粉末颗粒相互黏结起来，直至整个模型黏结完成。

3. 打印后的处理

打印完成后，回收未黏结的粉末，吹净模型表面的粉末，再次将模型用透明黏结剂浸泡，此时模型就具有了一定的强度，取出成形零件。然后使用刷子或者压缩空气把模型表面的粉末去掉，对表面进行喷漆等后处理，以获得需要的最终产品。

四、视频讲解

3.4

五、课堂讨论

根据自己对 3D 打印的理解，分组讨论：三维打印成形（3DP）打印快速原型的精度由什么决定？

六、思考与练习

1) 三维打印成形（3DP）是怎样打印成形工件的？请简述其工艺过程。
2) 三维打印成形（3DP）的优缺点有哪些？
3) 制约三维打印成形（3DP）成形精度的因素有哪些？

3.5　薄片分层叠加成形（LOM）

一、课堂引入

图 3-15 是军用水壶和太极球，这两样物品是通过什么方法制作出来的呢？下面我们就一起来学习一项新的 3D 打印成形技术——薄片分层叠加成形（Laminated Object Manufacturing, LOM）。该方法属于片、板、块材料黏结或焊接成形一类。此工艺还有传统切削工艺的影子，只不过它已不是对大块原材料进行整体切削，而是先将原材料分割为多层，然后对每层的内外轮廓进行切削加工成型，并将各层黏结在一起。

图 3-15　LOM 图例

二、相关知识

1. 薄片分层叠加成形（LOM）工艺的基本过程

以纸质薄片分层叠加成形（LOM）工艺（图 3-16）为例，其工作过程为：先将单面涂有热溶胶的纸通过加热轮加压黏接在一起。此时位于其上方的激光器按照分层 CAD 模型所获得的数据，将一层纸切割成所制零件的内外轮廓，然后再将新的一层再叠加在上面，通过热压装置将下面的已切割层黏合在一起，激光束再次进行切割。切割时工作台连续下降。切割掉的纸片仍留在原处，起支撑和固定作用。纸片的一般厚度为 0.07~0.1mm。薄片分层叠加成形（LOM）工艺的层面信息只包含加工轮廓信息，可以达到很高的加工速度。

2. 薄片分层叠加成形（LOM）的优缺点

（1）优点

1) 耗材成本很低。材料成本应该是所有打印技术中最低的一种，所打印用的材料甚至可以为常见的 A4 纸。

2）可快速成形尺寸很大的零件，翘曲变形小，尺寸精度高。由于薄片分层叠加成形（LOM）工艺仅对模型外轮廓进行加工，内部无须加工，所以这是一个超高速的快速成形工艺［相对大型件来说比选择性激光粉末烧结成形（SLS）成形快］，常用于加工内部结构简单的大型零件及实体件。

3）不需要支撑。LOM 打印过程不存在收缩和翘曲变形，因此无须设计和构建支撑结构。

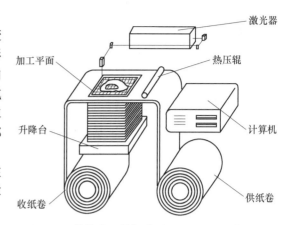

图 3-16　薄片分层叠加成形（LOM）工艺原理

（2）缺点

1）仅能打印结构简单的模型，薄片分层叠加成形（LOM）工艺无法打印中空结构件，也难以构建精细形状的零件。

2）薄片分层叠加成形（LOM）工艺使用的原材料种类较少，只能是纸、塑料和部分合成材料，目前常用的是纸。PVC 薄膜作为片材的工艺成本高，且利用率低。而且一次打印工作完成后，除了得到最终的模型外，其余部分均被激光切成碎片，无法像 SLS 那样重复利用。

3）以纸制的片材为例，每层轮廓被激光切割后会留下燃烧的灰烬，且燃烧时有较大的有毒烟雾。

4）Z 轴方向的精度相比光敏树脂液相固化成形（SLA）要低，一般在 0.1mm 左右，尺寸精度低。

5）薄片分层叠加成形（LOM）工艺需要专门的实验室环境，且维护成本高。由于打印的材料为纸张等易燃品，因此当打印时温度过高可能会引发火灾，而且纸制模型很容易受潮，贮存环境必须干燥。

3. 薄片分层叠加成形（LOM）材料

理论上讲任何片状的材料都可以用作薄片分层叠加成形（LOM）工艺的材料，如纸张、PVC 板都可以作为薄片分层叠加成形（LOM）的打印耗材，其常用的成形材料主要有纸、PVC 薄膜和陶瓷膜等片材。

4. 薄片分层叠加成形（LOM）应用

薄片分层叠加成形（LOM）适合制作大中型原型件。使用小功率 CO_2 激光器价格低、使用寿命长，制成件有良好的力学性能，适合于产品设计的概念建模和功能性测试零件。由于制成的零件具有木质属性，特别适合直接制作砂型铸造模。薄片分层叠加成形（LOM）的耗材与打印案例如图 3-17 所示，左下方为打印成品，后方则为打印耗材（实际打印中会被切割成碎片）。

图 3-17　薄片分层叠加成形（LOM）的耗材与打印案例

三、薄片分层叠加成形（LOM）工艺打印过程

薄片分层叠加成形（LOM）的制作过程分为四步：

1. 模型设计

首先通过三维造型软件进行要制作的产品的三维模型构造，然后将得到的三维模型转换为 STL 格式，再将 STL 格式的模型导入专用的切片软件中（如华中科大的 HRP 软件）进行切片。

2. 基底制作

由于工作台的频繁起降，因此必须将 LOM 原型的叠件与工作台牢固连接，这就需要制作基底。通常设置 3~5 层的叠层作为基底，为了使基底更牢固，可以在制作基底前给工作台预热。

3. 原型制作

制作完基底后，就可以根据事先设定好的加工工艺参数自动完成原型的加工制作。工艺参数的选择与原型制作的精度、速度以及质量有关。这其中重要的参数有激光切割速度、加热辊温度、激光能量、破碎网格尺寸等。

4. 打印后的处理

先进行余料去除，需要工作人员仔细、耐心地进行剥离操作。还需对原型进行如防水、防潮、表面光滑等后置处理。只有经过必要的后置处理，才能满足快速原型表面质量、尺寸稳定性、精度和强度等要求。

四、视频讲解

3.5

五、课堂讨论

请同学们根据自己对 3D 打印的理解，分组讨论以下问题：

1）你见过薄片分层叠加成形（LOM）技术吗？

2）请列举说说薄片分层叠加成形（LOM）技术的应用案例。

六、思考与练习

1）什么是薄片分层叠加成形（LOM）技术？

2）薄片分层叠加成形（LOM）技术的优缺点有哪些？

3）薄片分层叠加成形（LOM）技术与其他打印技术有什么显著特点呢？

3.6   其他 3D 打印技术

一、课堂引入

前面介绍了熔丝堆积成形（FDM）、光敏树脂液相固化成形（SLA）、选择性激光粉末烧结成形（SLS）、三维打印成形（3DP）、薄片分层叠加成形（LOM），那么图 3-18 所示的各种成形产品是如何加工出来的呢？这就是本任务要介绍的其他 3D 打印技术。

其他 3D 打印技术包括直接金属激光烧结（Direct Metal Laser Sintering，DMLS）技术、电

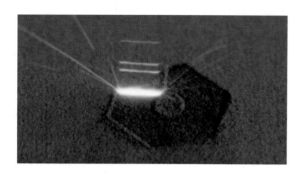

图 3-18 其他 3D 打印技术生产的产品实例

子束熔炼（Electron Beam Melting，EBM）技术、数字化光照加工（Digital Light Processing，DLP）技术、聚合物喷射（Poly Jet，PJ）技术、连续液面生产（Continuous Liquid Interface Production，CLIP）技术、激光近净成形（Laser Engineered Net Shaping，LENS）技术、双光子聚合（Two-Photon Polymerization，TPP）技术等。

二、相关知识

1. 直接金属激光烧结（DMLS）技术

直接金属激光烧结（DMLS）技术又称金属激光烧结、金属直接表面烧结，是一种用于批量生产注塑件模具和制造金属产品的工艺，也可用于诸如挤出或吹塑成形与其他塑料加工工艺的技术。

直接金属激光烧结（DMLS）工艺的原理是在基材表面覆盖熔覆材料，通过 3D 模型数据，使用高能量的激光束来局部融化金属基体并自动逐层堆叠，从而生成致密几何形状的实体零件，如图 3-19 所示。

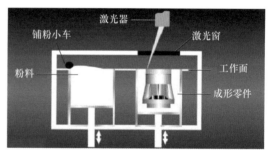

图 3-19 DMLS 的工艺原理

2. 电子束熔炼（EBM）技术

电子束熔炼（EBM）技术是指在高真空下将高速电子束流的动能转换为热能作为热源来进行金属熔炼的一种真空熔炼方法。这种熔炼方法具有熔炼温度高、炉子功率和加热速度可调、产品质量好的特点，但也存在金属收得率较低、比电耗较大、须在高真空状态下进行熔炼等问题。

电子束熔炼（EBM）工艺原理与选择性激光粉末烧结成形（SLM）类似，都是将金属粉末完全熔化后成形。在高真空条件下，阴极由于高压电场的作用被加热而发射出电子，电子汇集成束，电子束在加速电压的作用下，以极高的速度向阳极运动，穿过阳极后，在聚焦线圈和偏转线圈的作用下，准确地轰击到结晶器内的底锭和物料上，使底锭被熔化形成熔池，物料也不断地被熔化滴落到熔池内，从而实现熔炼过程，其工艺原理如图 3-20 所示。

3. 数字化光照加工（DLP）技术

数字化光照加工（DLP）技术是光固化成形技术的一种，与光敏树脂液相固化成形（SLA）比较类似，打印材料均为光敏树脂，两者的差别在于光敏树脂液相固化成形（SLA）采用激光而数字化光照加工（DLP）采用卤素灯泡、LED 光源及紫外光源等，液态树脂光固化成形（SLA）只能由点到线、由线到面进行固化，而数字化光照加工（DLP）可一次成形一个分层平面。在加工产品时，数字化光照加工（DLP）利用数字微镜元件将产品截面图形投影到液体光敏树脂表面，使照射的树脂逐层进行光固化。由于每层固化时通过幻灯片似的片状固化，速度比同类型的光敏树脂液相固化成形（SLA）速度更快。这项技术非常适合高分辨力成形，其工艺原理如图 3-21 所示。

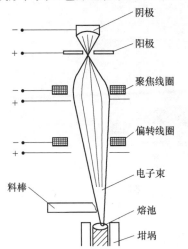

图 3-20　电子束熔炼（EBM）的工艺原理

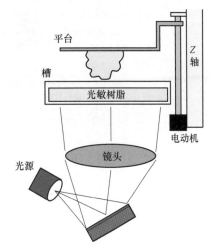

图 3-21　数字化光照加工（DLP）的工艺原理

4. 聚合物喷射（PJ）技术

聚合物喷射（PJ）技术的成形原理与三维打印成形（3DP）有些类似，由喷头将光敏树脂喷在打印工作台或已经固化的截面上，再用紫外光进行固化。

聚合物喷射（PJ）的工艺原理是当光敏聚合材料被喷射到工作台上后，喷射打印头沿 X 轴方向来回运动，紫外光灯将沿着喷头工作的方向发射出紫外光对光敏聚合材料进行固化。完成一层的喷射打印和固化后，设备内置的工作台会极其精准地下降一个成形层厚，喷头继续喷射光敏聚合材料进行下一层的打印和固化。不断重复以上步骤，直到整个工件打印制作完成。聚合物喷射（PJ）的工艺原理如图 3-22 所示。

5. 连续液面生产（CLIP）技术

连续液面生产（CLIP）技术通过计算机辅助设计（CAD）软件或者三维扫描仪得到三维模型，然后将三维模型信息统一转换为 STL 文件格式，对模型切片得到二维图像；然后利用发生器对图像进行投影，选择性固化树脂或者其他光敏材料，完成一层模型的制作；接着投射第二张图片，周而复始，完成整个零件制作。

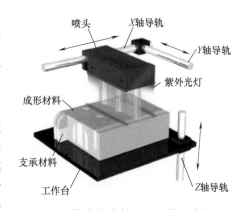

图 3-22　聚合物喷射（PJ）的工艺原理

连续液面生产（CLIP）工艺设备包括 Z 轴滑台、树脂盘、投影机、供氧装置、硬件控制板卡和计算机等部分。其工艺原理为：投影机上方设置双层树脂盘，上层盛放光敏树脂，下层通入氧气，中间通过高透氧和高透紫外光的半透膜隔开。树脂液体上方设置零件成形平台，零件成形平台通过横梁与 Z 轴滑台相连，计算机通过与硬件控制板卡相连，控制 Z 轴滑台上下运动。计算机与投影机通过 HDMI（高清多媒体接口）数据线传送图像信息，投影机连续投射计算机发送的掩膜图像，同时 Z 轴滑台带动成形平台连续向上运动，树脂通过液态死区不断填充，实现连续成形。CLIP 的工艺原理如图 3-23 所示。

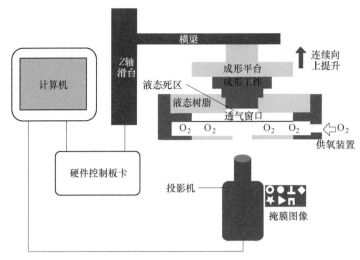

图 3-23　连续液面生产（CLIP）的工艺原理

6. 激光近净成形（LENS）技术

激光近净成形（LENS）技术因能实现梯度材料、复杂曲面修复等功能而深受工业界的喜爱。

激光近净成形（LENS）技术采用激光和粉末同时输送的工作原理。计算机将零件的三维 CAD 模型分层切片，得到零件的二维平面轮廓数据，这些数据又转化为数控工作台的运动轨迹。同时金属粉末以一定的供粉速度送入激光聚焦区域内，高功率激光通过聚焦后形成一个较小的光斑作用于基体并在基体上形成一个较小的熔池，粉末快速熔化凝固，凝固后形成一个致密的金属点，通过点、线、面的层层叠加，最后通过面累加形成零件实体，成形件不需要或者只需少量加工即可使用。激光近净成形（LENS）技术可实现金属零件的无模制造，节约大量成本，其工艺原理如图 3-24 所示。

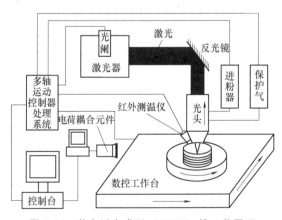

图 3-24　激光近净成形（LENS）的工艺原理

三、直接金属激光烧结（DMLS）工艺打印过程

以直接金属激光烧结（DMLS）技术为例，其具体打印过程如下：它将物件的三维数据转化为一整套切片，每个切片描述了确定高度的零件横截面。激光烧结机器通过把这些切片一层一层地累积起来，从而得到所要求的物件。在每一层，激光能量被用于将粉末熔化。借助于扫描装置，激光能量被"打印"到粉末层上，这样就产生了一个固化层，该层随后成为完

工物件的一部分。下一层又在第一层上面继续被加工，一直到整个加工过程完成。其余的 3D 打印技术大家可参考每种技术的工艺原理进行实施。

四、视频讲解

3.6

五、课堂讨论

根据自己对 3D 打印的理解，分组讨论以下问题：

1）在充分了解每种技术的工艺原理之后，讨论这几种技术之间的区别与联系。

2）任务实施里只介绍了直接金属激光烧结（DMLS）技术的打印过程，其余打印过程是如何进行的呢？同学们可以通过上网找到每种技术的相关视频或其他资料，相互交流。

3）根据每种技术的应用范围领域，上网搜集更多相关工艺模型产品进行课堂展示。

六、思考与练习

1）每种 3D 打印技术的工艺原理是什么？

2）每种 3D 打印技术的优势和不足都有哪些方面？

3）每种 3D 打印技术应用在哪些领域？

项目4 3D打印后处理

3D打印技术包括三维建模、模型数据处理、3D打印过程以及成形件后处理。3D打印获得的成形件表面和内部都会残留材料，表面通常会比较粗糙、有细微瑕疵。同时表面粗糙度和力学性能也达不到要求，因此后处理非常重要。

例如，光敏树脂液相固化成形（SLA）件需置于大功率紫外线箱（炉）中做进一步的内腔固化；选择性激光粉末烧结成形（SLS）件的金属半成品需置于加热炉中烧除黏结剂、烧结金属粉和渗铜；三维打印成形（3DP）和选择性激光粉末烧结成形（SLS）的陶瓷成形件也需置于加热炉中烧除黏结剂、烧结陶瓷粉。此外，制件可能在表面状况或机械强度等方面还不能完全满足最终产品的需要，如制件表面不够光滑，其曲面上存在因分层制造引起的小台阶，以及因STL格式化而可能造成的小缺陷；制件的薄壁和某些微小特征结构（如孤立的小柱、薄筋）可能强度、刚度不足；制件的某些尺寸、形状还不够精确；制件的耐温性、耐湿性、耐磨性、导电性、导热性、表面硬度可能不达标；制件表面的颜色可能不符合产品的要求等。

通过学习了解3D打印后处理技术，并实际操作实践，改善产品零件，达到使用效果。

【项目目标】

（1）掌握3D打印后处理方法。

（2）掌握3D打印后处理流程。

【知识目标】

（1）理解3D打印后处理的各种方法。

（2）理解3D打印技术精度。

（3）理解3D打印后处理的流程。

【能力目标】

（1）会分析如何提高3D打印成形件的精度。

（2）会根据成形件要求选用3D打印技术。

（3）能进行3D打印后处理操作。

【素养目标】

（1）培养学生的学习方法、学习策略和学习技能，使其能够有效地获取和整合知识。

（2）培养学生的创新思维和创新能力，使其能够在实践中发现问题、解决问题和创造新的价值。

4.1 3D打印成形件的后处理方法

一、课堂引入

3D打印能够直接打印出光滑的表面，但能实现这些技术的3D打印机往往较昂贵。如光敏树脂液相固化成形（SLA）打印件表面光滑度较高，但是这种技术的产品成本远高于熔丝堆积成形（FDM）技术的打印件。目前桌面级3D打印机模型的几何精度和表面粗糙度级别是非常有限的，表面光泽和颜色也较为单一。从快速成形机上取下的制品往往需要进行剥离，以便去除废料和支撑结构，对于需要进行后续装配的打印件通常需要打磨处理，有些要求具有艺术效果的作品则需要手工上色或利用丙酮熏蒸使表面光亮，有的还需要进行后固化、修补、打磨、抛光和表面强化处理等，这些工序统称为后处理。

二、相关知识

在3D打印之后，一般都必须对制件进行适当的后处理。本任务将介绍对剥离、修补、打磨、抛光和表面涂覆等表面后处理方法。其中，修补、打磨、抛光是为了提高表面的精度，使表面光洁；表面涂覆是为了改变表面的颜色，提高强度、刚度和其他性能。

1. 剥离处理

剥离是将增材制造过程中产生的废料、支撑结构与零件分离。虽然光敏树脂液相固化成形（SLA）、熔丝堆积成形（FDM）和三维打印成形（3DP）基本无废料，但是有支撑结构，必须在成形后剥离；薄片分层叠加成形（LOM）成形无需专门的支撑结构，但是有网格状废料，也须在成形后剥离。剥离是一项细致的工作，在有些情况下也很费时。剥离有以下三种方法。

（1）手工剥离 手工剥离是指操作者用手和一些较简单的工具使废料、支撑结构与工件分离。这是最常见的一种剥离方法。对于薄片分层叠加成形（LOM）成形的制品，一般用这种方法使网格状废料与零件分离。

（2）化学剥离 当某种化学溶液能溶解支撑结构而又不会损伤制件时，可以用此种化学溶液使支撑结构与工件分离。例如，可用溶液来溶解蜡，从而使零件（热塑性塑料）与支撑结构（蜡）、基底（蜡）分离。这种方法的剥离效率高，零件表面较清洁。

（3）加热剥离 当支撑结构为蜡，而成形材料为熔点比蜡高的材料时，可以用热水或适当温度的热蒸汽使支撑结构熔化并与零件分离。这种方法的剥离效率高，零件表面较清洁。

2. 修补、打磨、抛光处理

（1）修补 当成形件有较明显的小缺陷而需要修补时，可以用热熔塑料、乳胶与细粉料调和而成的腻子或湿石膏等填充。

（2）打磨、抛光 常见的工具有不同粒度的砂纸、小型电动或气动打磨机。

3. 表面涂覆处理

表面涂覆是指在成形件表面涂覆一层新材料，在基质表面上形成一种膜层，用来改善零件表面的性能，如电镀（化学镀）、喷漆（或上涂料）、热喷涂和气相沉积等。涂覆层的化学成分和组织结构可以和成形件材料完全不同，以满足表面性能为准则。表面涂覆的技术种类很多，下面主要介绍几种常见的表面涂覆技术。

（1）喷漆 将涂料涂覆在成形件表面上，可以显著提高成形件的性能。常用的涂料有油漆、液态金属和反应型液态塑料等。油漆可采用罐装喷射式环氧基油漆和聚氨酯漆，使用方便，有较好的附着力和防潮能力；液态金属是一种金属粉末（如铝粉）与环氧树脂的混合物，在室温下呈液态或半液态，加入固化剂后，能在半小时内硬化，其抗压强度为 70~80MPa，工作温度可达 140℃，有金属光泽和较好的耐湿性；反应型液态塑料是一种双组分液体，其中一种是液态异氰酸酯，用作固化剂，另一种是多元醇树脂。这两种材料在室温下按一定比例混合，混合后发生化学反应，生成类似 ABS 的聚氨酯塑料，可以提高成形件的强度、刚度和防潮能力。

（2）电镀　采用电化学沉积技术在成形件表面涂覆镍、铜、铅、金等金属或合金，涂覆层厚可达 20~500μm，最高涂覆温度可达 600℃，沉积效率高。

（3）物理蒸发沉积　有热蒸发、溅射和电弧蒸发三种方式，分别产生低粒子能量、中粒子能量和高粒子能量。

三、后处理的基本操作和 3D 打印金属件的后处理

1. 后处理的基本操作

（1）砂纸打磨（图 4-1）　砂纸是最常用的打磨工具，需注意，打磨之前要先加一点水防止材料过热起毛。砂纸一般常见的粒度标记有 P400、P600、P800、P1000、P1200、P1500 等，粒度标记越小的砂纸颗粒越大，打磨顺序是从小粒度标记开始的，不过因为打印物件的表面平整度不同，也可以不用完全按固定的顺序来。可以用完 P400 后直接到 P800，具体应根据实际情况而定。

（2）丙酮抛光（图 4-2）　丙酮可以溶解 ABS 材料，所以 ABS 模型可以使用丙酮蒸气熏蒸来抛光。PLA 材料则不可用丙酮抛光。需要注意的是，丙酮是一种有毒化学物质，建议在通风良好的环境和佩戴好防毒面具等安全设备时再进行操作。为了对比，图 4-2 中右侧产品没有用丙酮抛光。

图 4-1　砂纸打磨

图 4-2　丙酮抛光

（3）PLA 抛光液抛光（图 4-3）　PLA 抛光液是指加水稀释过的亚克力胶水，主要成分是三氯甲烷或者氯化烷等混合溶剂。操作方法是将抛光液放入操作器皿后，将模型用铁丝或者绳子挂着，模型底座放进已加入抛光液的器皿中浸泡，浸泡时间不宜过长，8s 左右即可。与丙酮一样，PLA 抛光液也是一种有毒物质，建议谨慎使用。为了对比，图 4-3 中上面一截没有用抛光液抛光。

（4）表面喷砂（图 4-4）　表面喷砂是很常用的抛光方法，可以进行表面光滑处理。操作人员手持喷嘴对准模型抛光，其原理是以压缩空气为动力，形成高速喷射束将喷砂喷到需要处理的模型表面，以达到抛光的效果，喷砂比打磨速度要快。无论模型大小，都可以通过喷砂处理表面达到光滑的效果。

（5）黏合组装（图 4-5）　一些超大尺寸和多部件或拆件打印的模型，经常会用到黏合。

黏合时最好是以点的方式来涂抹胶水，然后用橡胶圈固定，使黏合得更加紧密。如果黏合过

图4-3 PLA 抛光液抛光

图4-4 表面喷砂

程中遇到模型有间隙或接触处粗糙的情况，可以使用固体胶或填料使其变平滑。

（6）模型上色（图4-6）

1）喷漆法：该方法操作比较简单，比较适合小型模型或模型精细的部分上色。为了能喷出理想的效果，进行喷漆前要先进行试喷，测试操作漆的浓度是否合适，可以有效避免浪费资源。使用喷漆法能够将涂料均匀地喷在模型表面，大大节省了时间。

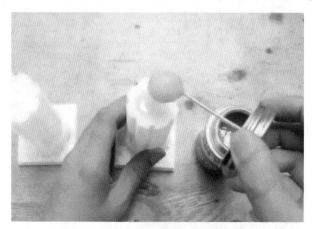

图4-5 黏合组装

图4-6 模型上色

2）手涂法：该方法更适合处理复杂的细节，上色时需以"#"字形来回平涂两到三遍，可使手绘时产生的笔纹减淡，令色彩均匀饱满。为了使颜料可以更流畅、色彩更均匀地进行涂装，可以滴入一些同品牌的溶剂在调色皿里进行稀释。

2. 3D 打印金属件的后处理

3D 打印金属件完成之后会存在很多缺陷，其中一个重要的问题就是去除支承后的打磨问题，目前的金属是采用选择性激光粉末熔化成形（SLM）工艺打印的，虽然是粉末成形，但是由于是金属 3D 打印，所以在金属打印的过程中还是需要加支撑的，金属的支撑比塑料的支撑更难去掉，那么 3D 打印金属加工厂是如何进行后处理的呢？

（1）后处理必备工具 3D 打印金属去除支撑必须要有相应的工具，因为支撑是金属的，所以需要用到的工具也比较多。

1）手动拆支撑工具，如图4-7所示。

图 4-7　手动拆支撑工具

2）打磨工具，如图 4-8 所示。

图 4-8　打磨工具

3）手动抛光工具，如图 4-9 所示。

图 4-9　手动抛光工具

（2）3D 打印金属后处理基本流程　后处理流程主要包括热处理、线切割、去除支撑、打磨、机加工、抛光、喷砂等步骤。不同的零件后处理工序不同，下面用一个案例进行介绍。

第一步：用线切割机床将零件从基板上分离下来，如图 4-10 所示。

拆件方法有两种：线切割和钳断。线切割可以将支撑与零件完整拆除但较为烦琐；钳断直接用钳子将零件与基板之间的支撑断开，较为费力。

第二步：去除支撑，如图 4-11 所示，使用钳子等工具将零件上的支撑拆除。

第三步：打磨，如图 4-12 所示。

支撑在零件上分离下来后会留下许多支撑痕，可用打磨头来打磨残留的支撑点。操作时

图 4-10　分离

图 4-11　去除支撑

打磨笔需来回运动，不能在某个位置停留太久，打磨工件时将零件上凸出的支撑点去除即可。

图 4-12　打磨

第四步：喷砂，如图 4-13 所示。

打磨过后的拉伸件其表面还是比较粗糙的，表面外观颜色不均匀，这时需要进行喷砂处理，喷砂之后表面相对光滑，颜色均匀。

图 4-13　喷砂

四、视频讲解

4.1

五、课堂讨论

请同学们根据自己对 3D 打印的理解，分组讨论以下问题：

1）3D 打印产品为什么要进行后处理？

2）分组讨论后处理的类型。

3）3D 打印技术后处理的发展会有什么趋势？

六、思考与练习

1）3D 打印技术后处理方法有哪些？

2）后处理过程中，如何保证产品的质量？

3）树脂产品和金属产品的后处理方法有什么不同？

4.2　3D 打印技术的精度

一、课堂引入

3D 打印技术自从诞生以来，精度一直是人们非常关注的一项性能指标。在选用 3D 打印技术时，会考虑众多的参数，其中包括打印精度、打印速度、打印温度及打印成本等。这些参数都是与打印息息相关的，打印精度是最为重要的一项性能参数。它直接影响最终模型的外观质量，而这往往也是消费者最为重视的地方。

3D 打印技术的精度包括 3D 打印设备的精度以及设备所能制作出的成形件精度。前者是后者的基础，但后者远比前者复杂，这是由于增材制造技术是基于材料累加原理的特殊成形工艺所决定的。

二、相关知识

1. 3D 打印精度的概念

3D 打印技术的精度应包括硬件和软件的精度两部分。硬件部分的精度主要指成形设备的各项精度。而软件部分的精度主要是指模型数据的处理精度，类似于传统制造领域中的原理误差。

在成形设备的产品说明书中打印精度一般有分辨力、每英寸点数（DPI）、Z 轴层厚、像素尺寸、束斑大小和喷嘴直径等性能参数。尽管这些参数有助于比较同一类 3D 打印机的精度，但是很难用来比较不同的 3D 打印技术。在选购 3D 打印机时需要对比不同打印机打印出来的相同模型成品，查看锋利的边缘和拐角清晰度、最小细节尺寸、侧壁质量和表面光滑度。用数字显微镜会有助于部件成品的对比，因为这种廉价的设备可以放大并拍摄微小的细节，便于比较。当然也可使用专门测试 3D 打印用的模型去检测。

数据处理是 3D 打印的第一步，即从 CAD 模型获取 3D 打印设备所能接受的控制数据，其数据的精度会直接影响控制的精度，自然也就影响零件的精度。软件部分中 CAD 模型及层片信息的数据表达精度决定了数据处理的精度水平。

2. 成形件误差产生原因

（1）成形件误差产生原因分类　按照 3D 打印原型零件的成形过程，成形件产生误差的主要原因如图 4-14 所示。

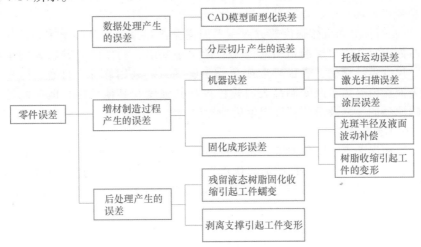

图 4-14　成形件产生误差的主要原因

由于 3D 打印过程涉及了机械、CAD、控制、光学、光化学以及力学等多学科多领域的多项技术，所以有些因素的影响机理是极其复杂的，这方面的研究及探索工作正处在探索研究阶段。

（2）成形件误差的因素分析　根据上面对成形件误差产生的原因的分类，分析各种因素的影响机理。

1）数据处理产生的误差。在数据处理这一过程中，产生误差的原因主要有两个：一个是 CAD 模型面型化带来的误差；另一个是分层切片产生的误差。

① CAD 模型面型化产生的误差。在对三维 CAD 模型分层切片前，需做实体曲面近似处理，即所谓面型化处理，是用平面三角面片近似模型表面。这样处理的优点是大大简化了 CAD 模型的数据格式，从而便于后续的分层处理。CAD 模型经过面型化后，转换成 STL 文件格式。在这种面型化的过程中，CAD 型面的信息有所丢失，必将导致各类误差的产生。

② 分层切片时产生的误差。分层切片是在选定了制作方向后，需对 STL 文件格式进行一维离散，从而获取每一薄层截面轮廓及实体信息，切片方向及厚度的选择对原型件的精度、制作时间、成本有重要影响。

2）增材制造过程产生的误差：包括机器误差以及固化成形误差等，一方面是设备精度导致的误差，另一方面是因材料本身的特性在成形过程中产生的误差。

① 层叠加产生的误差。层叠加产生的误差主要包括成形机的工作台移动误差（影响原型的 Z 方向的误差）和激光扫描误差，这些误差均由成形机的数控装置来保证。由于数控装置的精度很高，因此这些误差可相对忽略不计。

② 固化成形产生的误差。由于 RP 技术是层层固化并叠加成形的，所以原型零件的精度与每一层精度有直接关系，每一层的精度包括液面的平整性，往往通过刮平装置以及光斑控制装置来实现，使液面既不能凸起也不能凹陷，还包括液面位置的稳定性，即不能波动。

3）后处理产生的误差。这类误差可分为如下几种：

① 光敏树脂液相固化成形（SLA）、熔丝堆积成形（FDM）制品需剥离支撑等废料，支撑

去除后零件可能要发生形状及尺寸的变化，破坏已有的精度。

② 薄片分层叠加成形（LOM）制品虽无支撑但废料往往很多，剥离废料时受力将产生变形，特别是薄壳类零件变形尤其严重。

③ 选择性激光粉末烧结成形（SLS）金属件时，需将原型重新置于加热炉中烧除黏结剂、烧结金属粉和渗铜，从而引起工件形状和尺寸误差。选择性激光粉末烧结成形（SLS）的陶瓷件也需将制品置于加热炉中，烧除黏结剂和烧结陶瓷粉。

④ 制件的表面状况和机械强度等方面还不能完全满足最终产品的要求。例如，制品表面不光滑，其曲面上存在因分层制造引起的小台阶、小缺陷，制件的薄壁和某些小特征结构可能强度不足、尺寸不够精确、表面硬度或色彩不够满意。采用修补、打磨、抛光是为了提高表面质量，表面涂覆是为了改变制品表面颜色提高其强度和其他性能，但在此过程中若处理不当都会影响原型的尺寸及形状精度产生后处理误差。

3. 成形件的表面质量

成形件的表面误差有台阶、波浪和表面粗糙度。台阶误差常见于自由曲面处，以差值 Δh 来衡量。波浪误差是成形件表面的明显起伏不平，以全长 L 上波峰与波谷的相对差值 $\Delta h / L$ 以及波峰的间距 ΔA 来衡量，如图 4-15 所示。表面粗糙度应在成形件各结构部分的侧面和上、下表面进行测量，并取其最大值。

 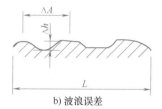

a) 台阶误差　　　　　　　　　　　b) 波浪误差

图 4-15　成形件的表面误差

为了对不同的增材制造装备制件的表面粗糙度进行比较，英国 Nottingham 大学设计了一个标准测试件，该测试件具有 0°~90°的倾斜表面。表 4-1 是检测的结果。由表 4-1 可见：① 倾斜角度较大的表面具有较小的表面粗糙度值；② 光敏树脂液相固化成形（SLA）制件具有较小的表面粗糙度值，熔丝堆积成形（FDM）制件具有较大的表面粗糙度值。比较表面粗糙度的标准测试件如图 4-16 所示。

表 4-1　不同快速成形机制件的表面粗糙度　　　　　　　（单位：μm）

快速成形机及成形材料	成形层厚/mm	表面倾斜角度/(°)									
		0(下表面)	0(上表面)	10	20	30	40	50	60	70	80	90
SLA5170 环氧树脂	0.150	3.3	1.4	39.9	31.8	28.8	25.8	21.5	20.6	16.7	7.3	6.3
SLA5149 丙烯酸树脂	0.125	11.7	4.85	27.8	3.4	15.6	13.6	10.7	8.2	6.7	6.2	4.7
EOSINTP 蜡	0.200	22.3	22.2	43.3	33.0	27.3	25.8	24.8	23.1	16.7	16.0	16.2
SLS 尼龙	0.130	13.0	16.0	27.8	28.7	28.1	26.3	25.9	25.5	24.4	22.8	21.4
SLS 尼龙	0.100	13.5	12.3	28.5	30.5	36.9	39.1	36.5	29.3	39.2	26.2	11.8
LOM 纸	0.100	11.7	3.4	29.2	31.9	27.7	27.0	25.3	25.0	23.3	17.9	16.9
FDM ABS 塑料	0.250	42.8	30.9	56.6	54.5	38.8	31.3	26.4	24.4	22.7	18.9	17.9

根据对成形过程中各种表面形成机理的分析可知，影响零件型面精度及表面粗糙度的主要原因是层堆积过程产生的台阶效应。传统的方法是减小分层的厚度或者优化制作来减少这一影响。但是减少分层的厚度会显著降低制作效率；而优化制作时，对于由多种特征面构成的复杂零件，会顾此失彼，且制作方向的确定需要考虑制作效率、零件变形以及支撑的结构和种类等多种因素。因此这些方法的采用受到一定的限制。

光敏树脂液相固化（SLA）成形的工艺特点，使得分区变层厚的固化成形工艺成为可能。即将整个 CAD 模型的固化分为表面轮廓部分的固化及内部实体部分的固化，对于表面轮廓部分采用小层厚的固化工艺来减小台阶效应，而内部实体部分采用大层厚的固化工艺来提高制作效率。这样，既提高了成形面精度，又提高了成形效率。

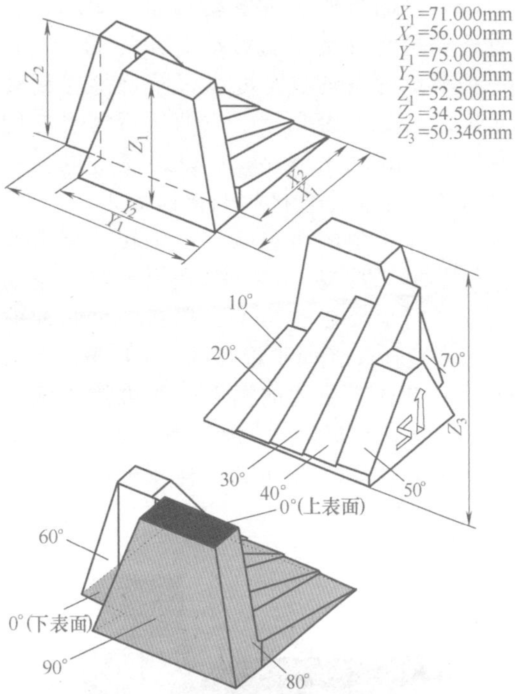

$X_1 =71.000\text{mm}$
$X_2 =56.000\text{mm}$
$Y_1 =75.000\text{mm}$
$Y_2 =60.000\text{mm}$
$Z_1 =52.500\text{mm}$
$Z_2 =34.500\text{mm}$
$Z_3 =50.346\text{mm}$

图 4-16　比较表面粗糙度的标准测试件

三、提高 3D 打印的打印精度

要提高 3D 打印的打印精度，需要从打印设备、打印参数、模型的设计方式等几个方面进行设置。

1. 3D 打印设备

（1）3D 打印机框架的稳定性　3D 打印机的框架是所有电气和机械部件的载体，如图 4-17 所示。滑轨、丝杠、步进电动机、同步带等运动单元配合的紧密程度都依赖框架的稳定性。如果机器框架不够坚固，在打印时容易引起机体振动，随着时间的积累，各个轴的轨道平行度会发生变化，同步带松弛或丝杠发生变形，导致传动机构不能保持良好的运行状态，时间久了会严重影响机器的定位精度，打印时也会产生难以弥补的误差。可以说一个牢固的框架是打印精度最基本的保证。通常来讲，选择一个较为符合力学稳固性的框架，并加强框架材料接合的刚性是一个较好的解决方法。

（2）直线运动机构　目前 3D 打印机最常见的结构就是 X、Y 轴使用同步带和铬钢圆形硬轨，X、Y 轴可以覆盖平面内的任意一个点，Z 轴工作台搭配梯形丝杠，只负责打印工作台的上下移动。这样的组合可以减轻喷嘴的重量，使得喷嘴可以达到较高的打印速度。不足的是，这种搭配必须保证每隔一段时间进行紧固或者更换同步带和滚动轴承，并检查各个导轨的磨损和平行度。对于普通家用 3D 打印机而言，这个现象会在使用很长时间以后才出现，而对于频繁打印、打印精度要求较高的场合，建议使用数控加工的直线滑轨配合滚珠丝杠来代替圆柱导轨与同步带结构。由于滚珠丝杠采用的是精密的滚动摩擦，摩擦力极小，可以实现高速传动，耐久度以及定位精度都比同步带有明显的提升；而直线滑轨同样采用的是滚动摩擦，其运动间隙几乎可以消除，使喷嘴的运动轨迹能够极度稳定，没有跳动，如图 4-18 所示。

图 4-17　3D 打印机框架

（3）高品质的步进电动机和控制芯片
步进电动机是直接带动滑动单元的部件，它
是一种特殊的电动机，可以很精确地控制转
动角度，如图 4-19 所示。它的运行需要控制
芯片（图 4-20）来驱动。可以说步进电动机
控制系统的品质将直接影响传递效果。例如，
一个 1.8°步距角的步进电动机旋转一周需要
200 个脉冲。假设步进电动机旋转一周，带动
丝杠或者同步带移动 8mm，那么一个脉冲就
相当于令丝杠或者同步带移动 0.04mm，在步
进电动机没有误差的前提下，如果使用驱动

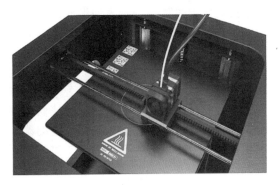

图 4-18　打印喷嘴的运动轨迹

器将 200 步分为 800 步，那么理论上可将这个 0.04mm 再次细分为原来的 1/4，即每个脉冲使
得运动机构移动 0.01mm，这样就相对地改变了步进电动机转动的精细度，使得喷嘴能更精确
地移动和定位。

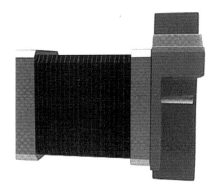

图 4-19　步进电动机

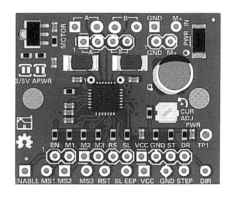

图 4-20　控制芯片

（4）喷嘴直径与层厚　喷嘴直径决定挤出丝的宽度，进而影响
成品精细程度。由于 3D 打印的材料是一层一层堆叠起来的，故层
厚的设置同样也会影响成品的表面粗糙度。若选用大直径的喷嘴、
层厚设置得比较厚，则送料快，打印耗时短，但成品较粗糙，可以
明显地看见堆叠痕迹；反之，喷嘴细，则耗时长，但得到的成品更
精细。常用的喷嘴直径有 0.4mm、0.3mm、0.2mm 几种，打印时需
综合模型尺寸和打印时间来选用合适的喷嘴，如图 4-21 所示。

2. 打印速度

3D 打印是一个打印速度与挤出速度相互合理匹配的过程，若打
印速度远快于挤出速度，喷嘴移动速度大于材料供给速度，则容易
导致断丝；反之则会使熔丝来不及铺开，堆积在挤出头，粘连已经

图 4-21　喷嘴

凝固的部分，导致材料分布不均，使打印层产生起伏。打印速度对制件精度有着重要的影响，
不能过快或过慢，通常为 60~80mm/s 即可，对于特殊要求的打印作业，需根据实际需要尝试
对其进行合适设置。总之，在打印时间允许的前提下，尽量降低打印速度可以确保打印质量，
打印速度越慢，打印质量越好。下面将详细介绍层高、外壳层数、填充率、回抽、打印材料
对打印速度的影响。

（1）层高　层高是指每层材料堆叠的高度，从字面意思看，层高对于打印质量的影响是

显而易见的，如果层高设置得很大，就可以很明显地看见每层之间的厚度和波纹。如果层高设得很小，则模型的表面会很精细，相应的打印时间也会变得更长。通常来讲，家用打印机的层高设置为 0.15~0.3mm 即可满足大部分需求，既能达到比较高的表面精细度，又能用较少的时间来完成打印。

（2）外壳层数　外壳层数是指模型的外壁厚度，通常来讲，这个厚度取值是喷嘴直径的倍数即可，喷嘴直径为 0.4mm 时可以将外壳层数设置为 0.8mm，喷嘴沿模型最外围路径走完两圈，完成外壳的构建。如果想要更厚的外壳，将外壳层数调高即可。

（3）填充率　填充率是指在模型内部填充的比例，通常来讲，模型的内部是被外壳封闭的，因此内部结构不需要完全填满。填充率的设置原则是在保证模型不塌陷、不变形的基础上尽可能得小，它的数值大小主要影响模型的强度和打印时间。填充率越大，模型的结构强度越大，完成打印花费的时间越长。一般状况下将填充率设置为 20% 即可满足大部分模型的需求，如果填充率设置为 100%，则意味着这个模型是完全实心的。

（4）回抽　回抽是指在打印某些特殊镂空结构的时候，喷嘴移动到非打印区域时需要保证没有材料喷出，以免产生额外的支撑结构导致镂空部分被错误填充。这个动作是由挤出机完成的，具体做法是在经过镂空区域的时候将材料抽回一段距离，使其不再喷出。回抽的长度为 3~6mm。如果回抽过长则会导致后续的出料不及时，同样会导致打印误差，通常这个数值需要根据实际机型来确定，或通过切片软件调整。

（5）打印材料　打印材料对打印质量的影响也是一个不能忽视的因素，这点从材料凝固的过程中可以体现。质地均匀的优质材料在凝固的过程中会比较均匀地收缩，而稍差的材料则在这一过程中会有不规则的收缩，客观上导致一定程度的卷曲、翘边、变形等打印错误。

3. 模型的设计方式

3D 打印机虽然可以很快捷地打印三维模型，但是并不代表模型可以随意设计摆放，模型的设计要符合一定的力学和空间要求，否则有很大概率导致打印失败。例如，如果想打印一个高脚杯模型，那么在设计的环节就不能单纯地从美观角度出发将模型比例设计得过于夸张，因为这样容易导致打印途中倾倒或者折断。在模型的摆放上也同样需要注意不要把较小的接触面作为支撑，而是要尽可能地将模型的最大面放置在底板上，如图 4-22 所示，这样才能够提供稳定的支持，打印成功率也会相对较高。

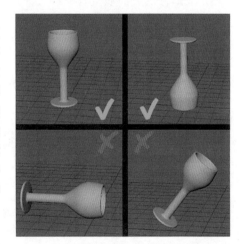

图 4-22　将模型的最大面放置于底板上

4. 模型的支撑类型

3D 打印时产生的支撑类型主要有无支撑、接触面局部支撑和全部支撑 3 种，选择合适的支撑将极大地提高打印成功率和打印质量。圆柱类模型由于上下的直径差别不大，可以不用支撑；高脚杯这种模型由于有较细的杯脚，打印过程中有可能在杯脚处折断，所以需要在杯脚处添加支撑；而打印动物这种带有悬空结构的模型则需要全部支撑，也可采用两种支撑类型，如图 4-23 所示。

5. 打印温度

家用熔丝堆积成形（FDM）3D 打印机使用的材料为 PLA 和 ABS。经过验证的结论是：当打印 PLA 材料时喷嘴的温度为 180~210℃ 为宜，当打印 ABS 材料时喷嘴的温度为 210~240℃ 为宜；最好可以保证环境温度在 25℃ 左右，这样可以避免模型底部收缩变形。

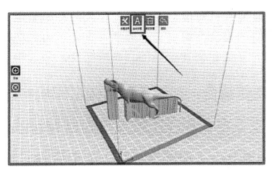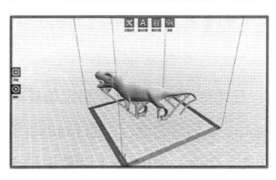

图 4-23　动物模型的两种支撑类型

四、视频讲解

4.2

五、课堂讨论

请同学们根据自己对 3D 打印的理解，分组讨论以下问题：

1）3D 打印技术的精度是指什么？

2）成形件误差产生的原因有哪些？

3）成形件的表面质量有哪些方面？

六、思考与练习

1）如何提高 3D 打印的打印精度？

2）哪些因素会影响熔丝堆积成形（FDM）成形件的精度？

3）如何提高熔丝堆积成形（FDM）成形件的精度？

4.3　3D 打印技术的选用

一、课堂引入

3D 打印产业链主要涵盖 3D 打印技术研究、3D 打印材料研发、软件开发、3D 打印设备研发制造、3D 建模、3D 打印应用与服务等若干重要环节。

在 3D 打印产业链的各环节中，3D 打印厂商通过布局更具市场推力的桌面级打印机的开发与销售，并尝试将技术研究、3D 打印机研发销售与 3D 打印服务整合在一起，以建立更完善的产业模式。

不同的打印技术有着不同的特色，常见的几种 3D 打印技术，各有哪些优缺点呢？如何根据原型的使用要求，根据原型的结构特点、精度要求和成本核算等方面，正确选择增材制造的工艺方法，对于更有效地利用这项技术是非常重要的。

二、相关知识

1. 主要 3D 打印技术的对比

不同 3D 打印技术的对比见表 4-2。

表 4-2　不同 3D 打印技术的对比

3D 打印技术	优点	缺点	应用
FDM	成本低，结构简单，操作方便；材料种类多，可使用无毒材料，材料利用率高；后处理简单	成形速度慢；表面粗糙度值大，选用材料仅限于低熔点材料	适用于教学、艺术建筑等行业模型；不适合大型零件，以及高精度零件
SLA	技术成熟，应用广泛；成形速度快；精度高；可打印的零件尺寸高；后期处理简单，材料广	设备造价高，成本高；工艺复杂，需要支撑结构；材料种类少，有气味和毒性，须避光；零件易变形	适合于复杂、高精度零件；不适合耐高温、强度高零件
SLS	不需要支撑结构；材料利用率高；成形速度快，设备成本低，材料价格便宜、无气味	设备成本高，材料损耗大；表面粗糙；成形原型疏松多孔，易变色，以及吸湿变形；后处理复杂；加工中产生有害气体	适合于新产品研发制造，广泛应用于医学、珍贵艺术性行业
3DP	材料选用广泛，可以制造陶瓷模具用于金属铸造；支撑结构自动包含在层面制造中	表面粗糙度值大；精度低；需处理（去湿或预加热到一定温度）；成形零件强度低	适用于砂模铸造、建筑、工艺品、食品、影视等
LOM	对实心部分大的物体成形速度快，成形效率高；支撑结构自动地包含在层面制造中；低的内应力和扭曲，尺寸稳定性好；设备价格和材料价格低	对内部孔腔中的支撑需要清理，废料剥离困难；材料种类少、利用率低	适用于大尺寸实心零件，无法制造中空零件，适合于产品概念设计和功能测试零件

2. 国外 3D 打印厂商

目前在全球 3D 打印市场中，3D Systems 和 Stratasys 依旧保持着两家独大的地位。桌面级打印机厂商竞相角逐，引领 3D 打印设备走向消费级。

（1）3D Systems（3D 系统）　3D Systems 公司成立于 1986 年，是世界上第一家发明光固化快速原型系统的公司，目前已经成长为一个为全球客户提供先进的固体成像解决方案的专家，产品主要有 Cube、ProJet、ProX 系列。3D Systems 业务较广，涉及 3D 打印材料、打印机系统以及 3D 打印服务三个业务范围，且这三项业务基本上平分秋色。3D Systems 采取了强力并购的发展模式，通过并购获取其他技术专利，并将自己的业务范围从专业打印机领域扩展到个人打印机领域（如收购 BfB 等），加强自己服务业务（如收购 Shapeway 等）。

（2）Stratasys（斯特塔西）　Stratasys 公司成立于 1988 年，是由 Stratasys 和 Objet 两个公司合并而成的专门开发 3D 技术的打印机公司，现已发展成为世界上最大的 3D 打印机制造商之一，主要产品有 MakerBot、Objet 系列。该公司在业务上始终专注于专业打印机系统的销售，3D 打印服务涉及较少。

（3）EOS（EOS 打印机）　EOS 公司成立于 1989 年，是激光选区烧结（SLS）技术全球领导厂商，主要产品为 EOSINT 系列。该公司除生产 3D 打印机之外，主要还提供金属制造材料、铝、钴/铬合金和钢等 3D 打印材料。

3. 国内 3D 打印厂商

如今 3D 打印技术逐渐渗入各行各业中。而随着 3D 打印技术的广泛使用，现在市场上的 3D 打印厂商也越来越多，在国内的 3D 打印厂商中，有哪些比较知名的呢？桌面级 3D 打印厂商鳞次栉比，越来越多的 3D 打印厂商逐渐在政策的引领下不断落户。

（1）先临三维科技股份有限公司　该公司成立于 2004 年，公司专注基于计算机视觉的高精度 3D 数字化软硬件的研发和应用，主营齿科数字化和专业 3D 扫描设备及软件的研发、生产、销售。公司自主研发了多项 3D 领域核心技术，拥有近 300 项授权专利和 100 多项软件著作权。公司建有浙江省省级重点企业研究院、浙江省博士后工作站。

（2）铂力特增材技术股份有限公司　该公司成立于 2011 年 7 月，是我国领先的金属增材技术全套解决方案提供商。公司申请金属增材制造技术相关自主知识产权 370 余项，2020 年获批国家企业技术中心，2021 年 1 月获批博士后工作站设立资格。

（3）浙江闪铸三维科技有限公司　该公司为我国首批专业 3D 打印设备及耗材研发生产企业。公司致力于推广 3D 打印技术及 3D 打印系统。目前公司建立了涵盖 3D 扫描仪、3D 设计软件、3D 打印机、3D 打印耗材和 3D 打印服务的完整产业链；产品分为民用级、商业级、工业级三个层次，满足不同类型的用户需求；同时在技术研发、渠道建设、售后服务等多方面均处于行业领先水平。

（4）深圳市极光创新科技股份有限公司　该公司为我国首批专业的 3D 打印机研发及制造商，目前已成为行业具影响力的高新技术企业之一，产品通过 CE、FCC、ROSH 等多项认证和 ISO 9001 质量管理体系认证。2015 年被评为全球 3D 打印二十强和出色的 3D 打印产业链综合服务商，产品和服务成为行业典范。

（5）深圳市创想三维科技股份有限公司　该公司为国内 FDM 和 SLA 3D 打印机研发、量产的先行者。公司是首批增材制造（3D 打印）企学研实践教育联盟会员、国家创新中心金卡会员，已通过国家高新技术企业、中国著名品牌、中国自主创新品牌、ISO 9001 等多项认证，拥有 533 项桌面级、工业级、教育级 3D 打印机专利。

三、增材制造技术的选用原则

综合各方面的因素，增材制造技术的选用原则可归纳如图 4-24 所示。其中主要有以下几个方面。

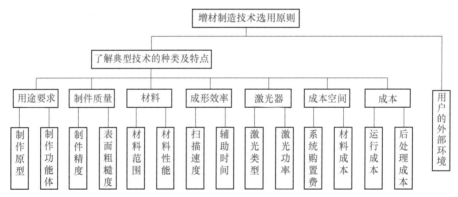

图 4-24　增材制造技术的选用原则

1. 成形件的用途

成形件可能有多种不同的用途要求，但是每种类型的快速成形机只能满足有限的要求。

（1）检查和核实形状、尺寸用的样品　这种要求比较简单，绝大多数精度较好的快速成形机均可达到这种要求。

（2）性能考核用样品　对于这种用途要求，样品的材质和力学性能要接近真实产品。因此，必须考虑所选快速成形机能否直接或间接制作出符合材质和力学性能要求的零件。例如，对于要求具有类似 ABS 塑料性能的零件，用 SLA 和 FDM 快速成形机可以直接制作，用 LOM 快速成形机不能直接制作，但能间接通过反应式注塑法制作。对于要求有类似金属性能的零件，用 SLS 快速成形机可以直接制作（但一般须配备后续烧结、渗铜工序），用 SLA、FDM 和 LOM 等快速成形机不能直接制作，只能间接通过熔模铸造等方法制作。

（3）模具　快速制模（Rapid Tooling，RT）是增材制造技术的主要应用方向之一，目前的 RT 技术主要有两个研究方向。一个是直接快速制模（Direct Rapid Tooling，DRT），它主要有三种方法：①软模技术；②准直接快速制模技术；③直接制造制模技术。另一个是间接快速制模（Indirect Rapid Tooling，IRT），它也有两种方法：①通过增材制造技术成形一个模腔（材料为塑料、蜡等），再通过铸造、电极成形、金属喷镀等方法成形模具；②通过增材制造技术生产铸型（砂型或壳型），再通过铸造技术用这些砂型或壳型生产模具。

（4）小批量和特殊复杂零件的直接生产 对于小批量和复杂的塑料、陶瓷、金属及其复合材料的零部件，可用SLS方法直接增材制造。目前，人们正在研究功能梯度材料的SLS增材制造，零件的直接增材制造对航空航天及国防工业有着非常重要的价值。

（5）新材料的研究 这些新材料主要是指复合材料、功能梯度材料、纳米材料、智能材料等新型材料。这些新型材料一般由两种或两种以上的材料组成，其性能优于单一材料。

对于以上用途（1）、（2）、（3）中除个别用途外，其他用途采用SLA、SLS和FDM均可，但（4）、（5）目前采用SLS方法最为合适。

2. 成形件的形状

对于形状复杂、薄壁的小零件，比较适合用SLS、SLA和FDM快速成形机制作；对于厚实的中、大型零件，比较适合用LOM快速成形机制作。

3. 成形件的尺寸大小

每种型号的快速成形机所能制造的最大制件尺寸有一定的限制。通常，零件的尺寸不能超过上述限制值。然而，对于薄形材料选择性切割快速成形机，由于它制作的纸基零件有较好的黏结性能和机械加工性能，因此，当零件的尺寸超过机器的极限值时，可将零件分制成若干块，使每块的尺寸不超过机器的极限值，分别进行成形，然后再予以黏结，从而拼合成较大的零件。同样，SLS、SLA和FDM制件也可以进行拼接。

4. 成本

（1）设备购置成本 此项成本包括购置快速成形机的费用，以及有关的上、下游设备的费用。对于下游设备除了通用的打磨、抛光、表面喷镀等设备之外，SLA快速成形机最好配备后固化用紫外箱，SLS快速成形机往往还需配备烧结炉和渗铜炉。

（2）设备运行成本 此项成本包括设备运行时所需的原材料、水电动力、房屋、备件和维护费用，以及设备折旧费等。对于采用激光作为成形光源的快速成形机，必须着重考虑激光器的保证使用寿命和维修价格。例如，紫外激光器的保证使用寿命为2000h，紫外激光管的价格高达上万美元；而CO_2激光器的保证使用寿命为20000h，在此期限之后尚可充气，每次充气费用仅为几百美元。原材料是长期、大量的消耗品，对运行成本有很大的影响。一般而言，用聚合物为原料时，由于这些材料不是工业中大批量生产的材料，因此价格比较昂贵，而纸基材料比较便宜。然而，用聚合物（液态粉末状或丝状）成形时，材料利用率高，用纸成形时，材料利用率较低。

（3）人工成本 此项成本包括操作快速成形机的人员费用，以及前、后处理所需人员的费用。

5. 技术服务

（1）保修期 从用户的角度来看，希望保修期越长越好。

（2）软件的升级换代 供应商应能够免费提供软件的更新换代。

（3）技术研发力量 由于快速制造技术是一项正在发展的新技术，用户在使用过程中难免会出现一些新的问题，若供应商的技术研发力量强，则会很快解决这些问题，从而把用户的损失降低到最低程度。

6. 用户环境

用户环境是一项非常重要却极容易被忽视的原则，因为对大多数企业来说，想迅速应用增材制造技术尚存在一定障碍，因增材制造装备技术含量高，购买、运行、维护费用较高，一些效益较好的大中型企业尽管具有经济技术实力，但对适合于不同产品对象的众多快速成形机和单个企业相对狭窄的可应用范围及较小的工作量往往感到无所适从。社会上众多的中小企业一是受经济条件制约；二是自身增材制造制件工作量小；三是自身增材制造技术力量薄弱，运用增材制造装备时心有余而力不足。在这种情况下，有条件、有能力购买增材制造装备的企业，既要考虑自身的需要，又要考虑本地区用户的需求，使设备满负荷运转，充分发挥设备的潜能。

总之，用户在使用或购买增材制造装备时，要综合各种因素，初步确定所选择的机型，然后对其设备的运行状况和制件质量进行实地考察，综合考虑制造商的技术服务和研发力量等各种因素后，最后决定购买哪家制造商的增材制造装备。

四、视频讲解

4.3

五、课堂讨论

请同学们根据自己对 3D 打印的理解，分组讨论以下问题：

1）分组讨论从 CAD 模型到增材制造获得实体零件的整个过程有哪些步骤？

2）3D 打印产业链包含哪些方面？

3）你还了解到有哪些 3D 打印技术相关的厂商呢？是通过什么渠道了解的呢？

六、思考与练习

1）主要 3D 打印方法的优、缺点有哪些？

2）3D 打印的优缺点是如何影响到 3D 打印技术的选择呢？讨论并举例说明。

3）搜索并了解至少一家国内 3D 打印厂商的相关信息。

项目5 3D打印机

3D打印机又称三维打印机，是使用一种累积制造技术，通过打印一层一层的黏合材料来制造出三维物体的设备。不同于普通打印机只能打印一些报告等平面纸张资料。3D打印机就是可以"打印"出真实3D物体的一种设备，功能上与激光成形技术一样，采用分层加工、叠加成形，即通过逐层增加材料来生成3D实体，与传统的去除材料加工技术完全不同。3D打印是断层扫描的逆过程，断层扫描是把某个东西"切"成无数叠加的片，3D打印就是一片一片的打印，然后叠加到一起，成为一个三维物体。称之为"打印机"是参照了其技术原理，因为分层加工的过程与喷墨打印十分相似。随着这项技术的不断进步，人们已经能够生产出与原型的外观、感觉和功能极为接近的3D模型。

【项目目标】
 (1) 了解3D打印机的种类。
 (2) 了解不同种类的3D打印机的构造和工作流程。
 (3) 能够正确地维护、保养3D打印机。

【知识目标】
 (1) 了解3D打印机的种类。
 (2) 了解不同种类的3D打印机的构造和工作流程。
 (3) 掌握正确维护与保养3D打印机的方法。

【能力目标】
 (1) 能区分不同类型打印机的特点。
 (2) 能够正确地维护、保养3D打印机。
 (3) 通过学习、收集、整理相关前沿资料，养成良好的学习习惯。

【素养目标】
 (1) 培养学生的学习方法、学习策略和学习技能，使其能够有效地获取和整合知识。
 (2) 培养学生的创新思维和创新能力，使其能够在实践中发现问题、解决问题和创造新的价值。

5.1 不同类型的3D打印机

一、课堂引入

在数字化大潮席卷的今天，3D打印作为以数据为核心的新兴制造技术，已经被运用到各行各业。现在 3D 打印机里比较常听到的有桌面级 3D 打印机和工业级 3D 打印机，两种打印机均有 FDM、SLA、SLS、LOM 等不同类型的打印机。那么桌面级 3D 打印机和工业级 3D 打印机有什么区别？

二、相关知识

1. 桌面级 3D 打印机

桌面级 3D 打印机，顾名思义就是体积小巧，可以放在办公桌面上打印立体实物的打印机。桌面级 3D 打印机是采用快速成形技术的一种机器，它以数字模型文件为基础，运用金属或塑料等可黏合材料，通过逐层打印的方式来构造物体。过去其常在模具制造、工业设计等领域被用于制造模型，现正逐渐用于一些产品的直接制造，意味着这项技术正在普及。

FDM 桌面级 3D 打印机就是使用"熔融沉积成形"技术的小型 3D 打印机，它非常适合教学、家用 DIY 等小型模型制作的场合，如图 5-1 所示。

(1) 桌面级 3D 打印机的优点

1) 设备价格低。

2) 材料价格低，容易获取。

3) 材料安全无毒。

4) 设备维护简单。

(2) 桌面级 3D 打印机的缺点

1) 打印精度较为普通。

2) 过于精细的结构打印效果不好。

3) 表面质量要求高的设计打印效果不佳。

4) 有轻微的变形，对于尺寸要求非常高的设计要慎用。

2. 工业级 3D 打印机

图 5-1　FDM 桌面级 3D 打印机

工业级 3D 打印机是专供工业生产使用的 3D 打印机，相比桌面级 3D 打印机，有更完备的性能和更高的效率，特别注重恶劣环境下的稳定性和可靠性。它可分为非金属 3D 打印机（图 5-2）和金属 3D 打印机（图 5-3）。由于是一种专业生产设备，体现的一个重要指标就是大打印流量，以及与其相关的高打印速度，只有在高速打印的前提下，考量其性能的稳定性和可靠性才有意义。

图 5-2　非金属 3D 打印机

图 5-3　金属 3D 打印机

工业级 3D 打印机的应用对象可以是任何行业的产品，只要这些行业需要模型和原型。例如：工业制造、文化创意和数码娱乐、航空航天、生物医疗、珠宝等消费品等。

三、桌面级 3D 打印机和工业级 3D 打印机的区别

了解了什么是桌面级 3D 打印机和工业级 3D 打印机，以及桌面级 3D 打印机与工业级 3D 打印机具体有哪些区别呢？

1. 打印速度

基于桌面级 3D 打印机的成本限制，主控芯片采用 16 位和 32 位两种芯片，在处理速度上难以与 64 位 CPU 媲美，但在 SLA 技术中，前者扫描速度可达 1m/s，后者可达 7~15m/s，所以工业级 3D 打印机比桌面级 3D 打印机速度快得多。

2. 打印精度

因为 FDM 和 SLA 技术在桌面级 3D 打印机中仅存在两种，所以从数据的角度来看，工业级 3D 打印机和桌面级 3D 打印机几乎没有什么差别。FDM 的最小分辨力由打印挤出口的大小决定，基本都在 0.3~0.6mm 之间，层厚由 Z 轴来决定。桌面级 3D 打印机采用步进电动机，工业级 3D 打印机采用伺服电动机，在实际打印过程中避免了失步等导致精度失真的问题。

3. 打印尺寸

一般而言，3D 打印机支持的打印尺寸越大，打印机成本越高。工业级 3D 打印机一般打印体积都很大，以适合于规模化的生产。但是相应地，大的体积导致系统复杂性成倍提高，材料成本增加，测试、安装、运输、维护费用高昂；尤其是在保持可靠性的前提下，基本上每个零部件的指标都更加苛刻，才能保证整机的打印精度和稳定性。这些因素都会成倍地提高打印机造价。

4. 打印可靠性

通俗来说，就是打印成功率。打印成功率是真正考验设计团队功力的指标，也是区分桌面级 3D 打印机和工业级 3D 打印机的重要指标。打印过程通常很漫长，只要有一个细节没有处理好，打印就会失败。现在即使最稳定的桌面级 3D 打印机，打印成功率也只有 70% 多一些。而工业级 3D 打印机的打印成功率几乎能做到 100%，大大提高了生产率，降低了包括人力、时间等综合成本。

5. 价格

桌面级 3D 打印机的价格相较于工业级 3D 打印机要便宜很多。

6. 适用范围

工业级 3D 打印机在航空航天、汽车制造、模具、珠宝制造业中有着广泛的应用，大部分的购买者都是大型企业、制造分包商和造型厂商；而桌面级 3D 打印机市场则更多的是集中在教育、制造、简单造型等领域，顾客主要为中小学师生、创客及创意人士。

四、视频讲解

5.1

五、课堂讨论

面对种类繁多的 3D 打印机，该如何来选择合适的打印机呢？关键要从以下几方面去考虑。

1. 使用目的

这一点是至关重要的，在选择 3D 打印机之前，首先应该想清楚，为什么要购买 3D 打印机，是想用于商业制作模型，或者是用于工业领域，或者用于教育领域，还是只是为了个人的爱好？首先要想清楚使用目的，以免造成后续不必要的浪费。

2. 打印尺寸

要确认打印的物品有多大，这个物品的尺寸跟打印平台是否合适。在考虑到尺寸时，还需要了解清楚机器的技术参数，如机器与成形的尺寸。要知道，尺寸大一些的机器，费用也会更高。只有清楚机器尺寸，才能根据实际合理地选购合适的 3D 打印机，避免多支出一些不必要的花费。

3. 挤出系统

现在大多数的 3D 打印机都提供的是单喷头，虽然双喷头的机器也有，但是对于初学者来说，单喷头显然更适合，可以去制作一些简单或者中等级复杂的模型。而且单喷头打印也相对比较稳定，打印精度也比较高。3D 打印材料在热熔以及层层堆积叠加的过程中，材料的挤出是非常重要的，所以如果不是特别必要，建议使用单喷头即可。

4. 打印材料

虽然现在很多厂家在努力寻找可以打印的新材料，但并不是所有的 3D 打印机都能够支持新材料。如果需要打印不同材料的模型，那么为了能保证完成打印，就需要去挑选兼容性强的 3D 打印机。

六、思考与练习

1）桌面级 3D 打印机的特点有哪些？
2）工业级 3D 打印机的特点有哪些？
3）如何选择合适的 3D 打印机？

5.2　3D 打印机的构造和工作流程

一、课堂引入

前面介绍了不同种类的 3D 打印机，我们对 3D 打印机的原理有了一个基本的了解，同时也了解到 3D 打印机就是使用"熔丝堆积成形（FDM）"技术，熔丝堆积成形技术是将丝状的热熔性材料加热融化，同时三维喷头在计算机的控制下，根据截面轮廓信息，将材料选择性地涂敷在工作台上，快速冷却后形成一层截面。一层成形完成后，机器工作台下降一个高度（即分层厚度）再成形下一层，直至形成整个实体造型。FDM 技术的优势在于设计容易，机械结构简单，制造成本、维护成本和材料成本低，对环境无污染，因此 FDM 也是在教学桌面级 3D 打印机中使用得最多的。

那么，FDM 3D 打印机的基本构造和工作流程是怎样的呢？

二、相关知识

1. FDM 3D 打印机的结构

（1）框架　框架是 3D 打印机的骨干，如图 5-4 所

图 5-4　框架

示。通常工业级打印机都被灰色塑料所包围，但桌面级 3D 打印机则没有。早期使用木材来做成支架，但现今大多采用亚克力或者是金属来打造支架。框架有开放式、半开放式及封闭式。封闭式框架的好处在于容易保持打印的环境温度，可防尘以及防止手烫伤。

（2）传动带　在 3D 打印机中，传动带能够控制电动机的 X 轴与 Y 轴的移动方向。可以说，传动带控制了打印的速度以及精度。在打印前需检查传动带的松紧程度，否则容易影响打印效果。许多打印机的准备工作都包含了检查传动带。传动带如图 5-5 所示。

（3）电动机　3D 打印机分 X 轴、Y 轴、Z 轴、E 轴，X、Y、Z 轴控制打印空间的位置，E 轴控制耗材的挤出和回抽，各轴通常采用步进电动机驱动。好的电动机可以让打印细节更精准，有效减少振纹，模型表面更平滑细腻。3D 打印机采用强驱动步进电动机，如图 5-6 所示，输出稳定，噪声低，长时间运行不会出现变形及噪声问题，使用寿命长。

图 5-5　传动带

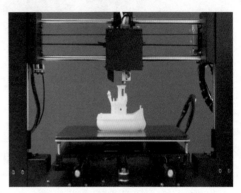

图 5-6　步进电动机

（4）软件　软件在 3D 打印中有着举足轻重的地位。软件将导入的模型/产品转换成 G 代码，3D 打印机再根据生成的 G 代码来打印产品。一些软件会自动生成支架以便打印时能够更好地支撑产品。常用的软件包括 Cura、Slic3r、3DPrinter OS 等。Slic3r 软件界面如图 5-7 所示。

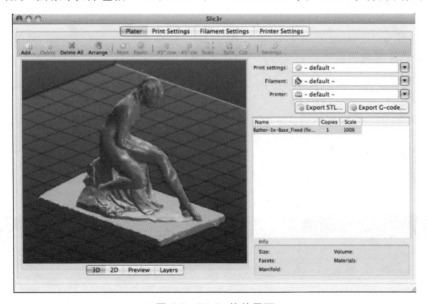

图 5-7　Slic3r 软件界面

（5）喷嘴　喷嘴的主要功能是加热材料，通过电动机输出的力来挤压丝材，使丝材可以按照一定速率从喷嘴中挤出。大多数打印机采用直径为 0.4mm 大小的喷嘴。喷嘴孔径越小，精度越高，产品质量越好。孔径越大的喷嘴，打印速度越快。大多数打印机的喷嘴都能替换，因此人们可以按照工艺要求换上所需的喷嘴。喷嘴如图 5-8 所示。

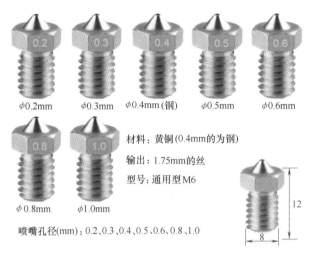

材料：黄铜(0.4mm的为钢)
输出：1.75mm的丝
型号：通用型 M6

喷嘴孔径(mm)：0.2、0.3、0.4、0.5、0.6、0.8、1.0

图 5-8　喷嘴

2. FDM 打印机的整机配件及使用方法

（1）机械部分　以金石增强版 Y-1500 FDM 打印机为例，机器尺寸：长为 365mm、宽为 383mm、高为 386mm，包装尺寸：长为 490mm、宽为 460mm、高为 520mm，机器质量为 14kg。机器外观：采用塑胶外壳、钣金内架，采用 SD 卡为存储器进行打印，打印平台采用开模塑胶壳和加热地板，显示器采用 2.75in（69.85mm）彩色触摸屏。打印尺寸：长为 210mm、宽为 150mm、高为 150mm，喷嘴直径为 0.4mm，层高为 0.1~0.4mm，机器运转打印速度为 10~150mm/s，喷头数量为 1 个，喷头温度一般为 180~240℃，进料方式可以远程输入，模型支撑为系统自动生成也可通过切片软件进行支撑加固，X、Y 轴定位精度为 0.011mm，Z 轴定位精度为 0.0025mm，冷却系统为风扇降温。

（2）电路部分　金石增强版 Y-1500 FDM 打印机电源输入为交流 220V，频率为 50~60Hz，功率为 350W，电源输出直流电压为 12V。

注意：本产品输入电源为交流 220V，请确保接入电源线路有效地接地。

（3）软件部分　金石增强版 Y-1500 FDM 打印机适用文件格式为 STL、OJB、gcode 三种格式，控制软件为 RepetierHost，操作系统适用于 Windows XP、Windows7、Windows8，切片软件推荐为 Cura、Slic3r 两种（具体切片软件可根据个人操作习惯选择）。

金石增强版 Y-1500 FDM 打印机的整机配件见表 5-1。

表 5-1　金石增强版 Y-1500 FDM 打印机的整机配件

序号	配件	数量	颜色	备注
1	PLA 耗材	1/件	随机	
2	料架	1/套	黑色	
3	内六角扳手	1/件	以实物为准	
4	220V 电源线	1/台	黑色	机器供电用
5	平台贴膜	1/件	以实物为准	
6	读卡器	1/条	以实物为准	

（续）

序号	配件	数量	颜色	备注
7	SD 卡	1/件	以实物为准	内附切片软件,少量模型
8	铲刀	1/件	以实物为准	撬取模型
9	刷子	1/件	以实物为准	去除杂物
10	斜口钳	1/件	以实物为准	去除支撑
11	螺丝刀	1/件	以实物为准	

三、3D 打印机的使用方法

1) 开箱取出配件盒,盘点配件,配件如图 5-9 所示。

2) 取出机器,将固定喷头的 2 条扎带剪断。若没剪断扎带会造成打印过程中拉伤线路,造成打印机无法正常使用,如图 5-10 所示。

图 5-9 配件

图 5-10 固定喷头

3) 插上电源线,打开后部电源开关,通电几秒后,显示主界面,如图 5-11 所示,做好打印前准备。

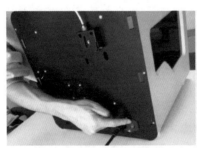

图 5-11 主界面

4) 平台调平,如图 5-12 所示,在主界面单击"应用"→"调平"→"Next（下一步）"按钮。

单击"Next（下一步）"按钮后,喷嘴会自动移动并与平台对齐 1 次,在喷嘴和平台之间放置一张 A4 纸,来回抽拉 A4 纸（该步骤需要进行 4 次来测试整个平台和喷嘴的间距）,有如下三种情况:

① 若有较大阻力、纸上有明显的刮痕甚至刮破,则表示喷嘴离平台太近,应通过调整平台下方对应位置的旋钮,使平台稍稍往下降低一点。

② 若无阻力、纸上无刮痕,或肉眼看去有明显的缝隙,则表示喷嘴离平台太远,应通过调整平台下方对应位置的旋钮,使平台稍稍往上升一点。

③ 若有轻微阻力、纸上有轻微的刮痕,则表示喷嘴离平台的距离合适,可以打印。

图 5-12　平台调平

注意：打印前务必调平，否则易对喷嘴造成无法挽回的损伤，若打印前调平好了，打印时模型有一些部位黏不牢平台，可边打印边调节平台下方的旋钮，查看丝材黏附在平台上的形状，以扁平状为宜，如图 5-13 所示。

三种不同距离对比

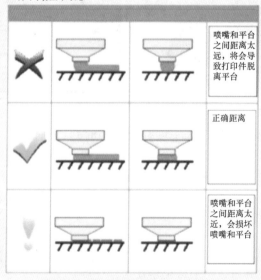

图 5-13　丝材黏附在平台上的形状

5）其他界面的介绍。在主界面单击"应用"按钮，弹出图 5-14a 所示的应用选项。其中，"热床预热"的温度设置：一般 PLA 耗材是 40~60℃，操作方法同"装卸耗材"的温度设置一样。

单击"手动"按钮出现图 5-14b 所示界面，如：单击"Z"按钮再单击"+"按钮，热床平台往下降；单击"-"按钮，热床平台往上升。"X""Y"按钮的操作同理；单击"归零"按钮（回原点），X、Y、Z 三个轴回归坐标原点（零点）；单击"关闭电机"按钮，可以用手推动喷头在 X、Y 轴方向上移动。

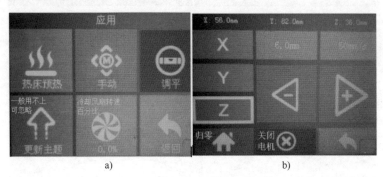

a)   b)

图 5-14 主界面的应用选项

在主界面单击"系统"按钮，弹出切换中文、英文等多种语言及恢复出厂设置等选项，可根据实际需要使用，如图 5-15 所示。

6）装卸耗材。在主界面单击"装卸耗材"按钮→设置温度为 190℃→单击"OK"按钮→开关开启（变红色），如图 5-16 所示。

待当前温度为 190℃ 或以上（可适当调高至 200~230℃），压下弹簧按片，用手将耗材推入白色导料管内，多次单击"装料"按钮直至看到喷嘴出丝，装填完成；同理，卸载耗材是装填的逆过程，同样，当前温度须为

图 5-15 主界面的系统选项

190℃ 或以上的状态下（可适当调高至 200~230℃），单击"卸料"按钮直至耗材退出导料管。

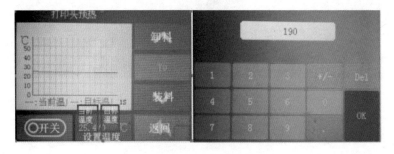

图 5-16 设置温度

7）开始打印。插入 TF 卡，单击"SD 打印"选项，选择要打印的文件名→单击"确定"按钮进入打印界面，如图 5-17 所示，待达到目标温度，喷头开始吐丝打印，打印第一层非常关键，耗材以扁平状黏附在平台上为最佳。

打印过程中若模型打印效果不佳，也可对一些参数进行微调，不必终止打印重新切片。

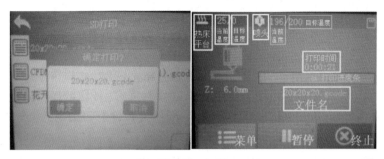

图 5-17　打印

以调整热床温度为例，如图 5-18 所示。其他类似操作，单击"菜单"→"热床"，输入"50"→单击"OK"按钮，调整完毕→再单击"返回"按钮。

注意："打印速度/冷却风扇转速百分比"视打印出来的效果，可酌情降低或升高，一般采用默认设置即可。

图 5-18　调整温度

打印过程中，若发现耗材余量不足或耗材卡住打结，可单击"暂停"按钮，更换好耗材后，单击"返回"按钮，继续打印按"确定"按钮，如图 5-19a 所示。

若选错文件或打印异常，可终止打印，如图 5-19b 所示。

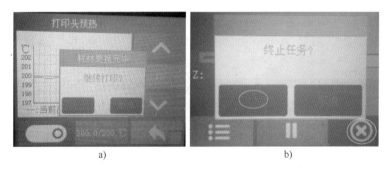

a)　　　　　　　　　　　　　b)

图 5-19　继续打印或终止打印

四、视频讲解

5.2

五、课堂讨论

请同学们根据自己对 3D 打印的理解，分组讨论以下问题：

1）不同 3D 打印机的构造有什么相同和不同的地方？

2）3D 打印机的构造对工作流程有什么影响？

3）以小组的形式共同协作完成一台打印机的安装。

六、思考与练习

1）3D 打印机的构造部件有哪些？

2）打印机的工作流程有哪些？

3）FDM 工艺的原理及特点是什么？

4）金石增强版 Y-1500 FDM 打印机由哪几部分组成？

5.3　3D 打印机的维护与保养

一、课堂引入

为了确保 3D 打印机能长期性平稳运作、提高效率和增加设备使用期，人们一般需要留意打印机的维护与保养，正确的保养方法能适当地延长 3D 打印机的使用寿命。一台好的 3D 打印机除了正确使用之外，还要做好日常维护。

二、相关知识

日常生活中，不管是小物件（如手机、计算机等）还是大物件（如汽车、游艇、飞机等），通常都离不开的两个话题就是使用和保养。到一定的使用时间之后都要进行维护与保养工作，以便让机器达到最佳的运行状态，同时也可以让其寿命变得更长一些。同理，高科技产品保养更是重要，下面就介绍一下 3D 打印机的日常使用注意事项。

1. 开始打印时

1）平台上不能有上一次打印的残余料。

2）确保耗材余量能够打印接下来的模型。

3）确认耗材没有在料盘上缠料。

2. 打印过程中

1）不要触碰打印头和平台，不要阻碍打印头移动，不能拔出 SD 卡。

2）如果因为耗材耗尽或者耗材断料等情况引起打印暂停，要先将耗材进料，再操作打印。

3. 打印结束（取模型）时

1）待模型温度降到室温，再取下模型。

2）取模型时，如果需要用水溶解胶，应等平台温度降到室温，将玻璃板取出，再用水溶解。

3）耗材不使用时，退出耗材后，将料头插到料盘侧面的孔里，放到干燥、避光的环境中保存。

4）不要用水擦拭机器。

以上三大步是在打印开始时、进行中和结束后需要注意的事项。

三、3D 打印机的维护与保养

长时间使用打印机之后，维护与保养是少不了的，下面就来介绍一下 3D 打印机的维护与保养工作。

1. 3D 打印机放置保养

1) 长时间不使用的时候，将 3D 打印机放置在干燥的地方，并用布或者塑料盖起来，减少灰尘附着。如果没有特殊情况，每个月保养一次，做好清理灰尘、用棉布擦拭零部件、为轴承上油和清理送料齿轮残留料渣等工作。具体实施方法如下：

① 用软毛刷清理机器内灰尘，特别是打印头内。

② 用面巾或无纺布沾少量无水乙醇，擦拭轴承和光轴。

③ 将少许黄油或机油涂在丝杠和轴承上，单击平台移动键，让丝杠上下移动以便黄油涂抹均匀。丝杠保养如图 5-20 所示。

④ 打开送料器前盖，用镊子或其他尖锐工具，将齿轮里残留的料渣清理干净，如图 5-21 所示。

图 5-20　丝杠保养

图 5-21　清理齿轮里残留的料渣

⑤ 定期检查 X、Y 轴传动带，传动带松紧度会影响打印质量，特别是 Y 轴的传动带。假设传动带两侧不一致，打印头会不受指令移动；当拉动传动带时如果传动带发出比较响的声音，说明传动带太紧了，如果传动带自然下垂，说明传动带过松了。

⑥ 除了平台玻璃板可以用水洗外，其他部件禁止用水清洗或擦拭，有铜套的地方不用上润滑油，为轴承上油时，不用太多。

⑦ 如果需要运输机器时，将平台调整至最低处并用扎带和卡扣固定，防止传动带松动以至打印产生错位。

⑧ 每次保养时需要仔细检查设备螺母，调整到适合的松紧程度，以防止松动或过紧。

2) 耗材不使用的时候，不要把料头松开，要对耗材进行整理，如图 5-22 所示。直接退出耗材并将料头插到料盘侧面的孔里，放到干燥、避光的地方，可以将耗材装袋保存并放干燥剂，拆开的耗材尽量在 1 个月之内用完。

2. 打印时保养

1) 打印前需要确保热床上没有之前打印的残留物，要将玻璃平台用水清理干净后再使用，如图 5-23 所示。

2) 打印前要先将上次的残料挤出。

3) 确认耗材没有在料盘上缠绕，确保耗材余量能够支持打印，若因为耗材耗尽或者断料等引起打印中断，要重新

图 5-22　整理耗材料头

进料再打印。

4）打印过程中不要触碰打印头或平台，不要阻碍打印头的移动，不能拔卡，不然会导致3D打印机磨损。

5）打印完成后清理喷头。打印机喷头如图5-24所示。可以先加热喷头，将一段PLA耗材手动从上到下插入，当看到下面的喷头口有耗材流出，快速将PLA耗材从上面抽开，重复4~5次之后，就能达到清理的目的。

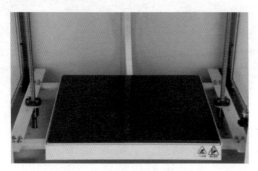

图 5-23　清理打印机平台

图 5-24　打印机喷头

四、视频讲解

5.3

五、课堂讨论

请同学们根据自己对3D打印的理解，分组讨论以下问题：

3D打印机常见问题及解决方法：

1）机器不出料怎么办？

2）打印模型较大无法从平台取下时怎么办？

3）为什么模型设计看起来正常却部分结构打印不出来？

4）为什么模型越高打印精度越低？

六、思考与练习

1）3D打印机维护与保养的意义是什么？

2）3D打印机常见的故障有哪些？

项目6　3D打印的应用

　　3D打印应用的领域广泛，具有许多传统制造方法不具有的优点，让3D打印在工业制造、医疗、建筑、大众消费、教育和航空航天等领域大放异彩，例如医学模型、组织器官替代品、飞机和卫星等航空航天设备的零部件、建筑模型都可以通过3D打印来制造。3D打印技术发展迅速，在各领域都呈现快速发展的应用趋势。3D打印在各个领域的应用如图6-1所示。

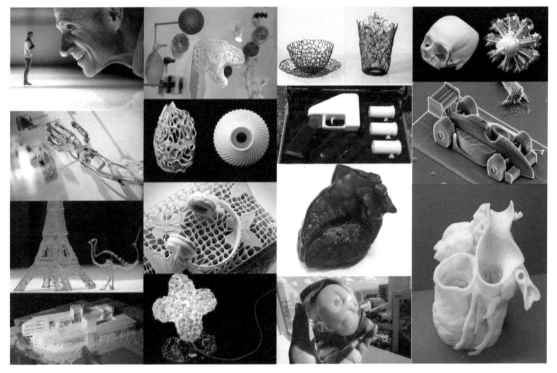

图6-1　3D打印在各个领域的应用

【项目目标】

　　（1）能准确描述3D打印在各领域的应用。

　　（2）能准确描述3D打印技术的应用优势。

【知识目标】

　　（1）掌握3D打印在各领域的应用。

（2）熟悉 3D 打印技术的优势。

（3）了解现阶段 3D 打印的不足之处。

【能力目标】

（1）能说出 3D 打印在各领域的广泛应用。

（2）能弄清 3D 打印技术与传统技术相比的优势所在。

（3）通过学习学会收集、分析、整理参考资料的技能。

【素养目标】

（1）培养学生的学习方法、学习策略和学习技能，使其能够有效地获取和整合知识。

（2）培养学生有效沟通和表达的能力、团队合作能力，使其能够与他人有效地交流和合作。

6.1　3D 打印与工业制造

一、课堂引入

传统的工业制造方法如铸造、锻造、机械加工（车铣刨磨等）、焊接等往往具有许多局限性。例如铸造包括铸造金属准备、铸型准备和铸件处理三个部分，需要设计模具，设计周期长，小批量生产时生产成本很高。传统机械加工方法耗费时间长，还需要工装夹具和机床等设备，花费大量物力和人力。3D 打印可以在很大程度上弥补传统工业制造方法的缺陷，那么 3D 打印在工业制造领域是如何应用的呢？

二、相关知识

1. 3D 打印技术在工业制造领域的应用

很多制造业厂家有丰富的样品生产需求，但许多机械类产品尺寸较大，这种情况下进行样品展示时无论是运输还是对场地的要求都非常高，而仅仅采用产品的一部分展示或者仅仅展示图文资料无法达到所需的效果。但是 3D 打印技术在将大型机械类产品进行微型化制作后，可以详尽地展示产品所有关键的部分。目前许多企业都采用 3D 打印技术来制作机械产品样品用于展示，客户通过观察样品可以方便且直观地获取产品详细信息，样品的使用可以取得良好的效果。

2. 3D 打印技术在汽车领域的应用

在汽车行业，3D 打印应用于汽车行业研发、生产以及使用环节，能够上路行驶的 3D 打印汽车已经面世。就应用范围来看，在汽车行业的应用将向生产和使用环节扩展，最终推广应用在零部件生产、汽车维修、汽车改装等方面。

如图 6-2 所示，是一辆 3D 打印汽车，使用铝合金和太空级别的碳纤维打印而成，甚至底盘也是 3D 打印制造的，质量仅为 46kg，可以合法上路。

图 6-2　3D 打印汽车

三、3D打印技术在工业制造领域的优势

了解了3D打印技术在工业制造领域的应用后,可以总结3D打印技术在工业制造领域的优势有哪些?

1. 提高生产率,加快工业产品的开发速度

3D打印技术在制造需求量较少的产品时具有明显的优势,3D打印的方式能够大大减少这类产品的制造周期,免去了制造过程中模具设计、机械加工等环节,从而无需对工艺进行摸索、提升,大大缩短了实现某种零件的稳定生产时间。此外,一件成形的产品通常由多个部件组成,传统制造需要通过组装实现产品的生产,组装构成产品的部件越多,花费的时间越多,成本也越高。而3D打印实现复杂部件的一体化成形,简化了生产流程,缩短了供应链。3D打印技术在制造业中应用时可以大大缩短产品研发和工艺探索的周期,提高生产率。

2. 降低制造成本

以3D打印的方式进行生产可以缩短研发和生产周期、减少制造工序。在传统的铸造、锻造、机加工等成形技术中,工厂往往需要购入大量用于专用工艺的加工设备,并且这些工序缺一不可,而在3D打印技术中所用到的加工手段很少,3D打印机就是具备普适与高效特点的加工设备,以其为核心的加工手段可以适用于很多类型产品的加工。在完成产品的数字建模后,即可采用3D打印的方式进行加工,即使很复杂的结构模型也并不会对生产造成很大负担。因此在目前的制造业中,3D打印技术所具有的成本优势发挥了很重要的作用,并且有更多的产品开始使用3D打印的方式进行生产。科学合理地使用3D打印技术进行加工可以有效地降低企业的制造成本,提高企业的竞争力。

3. 生产结构复杂的产品

图6-3 典型复杂结构的零件

传统制造业生产复杂几何形状的部件,在一定程度上受制于所使用的工具,形状越复杂,其工艺要求越高。然而对于3D打印而言,制作同样体积简单或复杂的部件,其生产工艺难易程度并没有什么区别,均是采用逐层堆积打印的方式再现实体,仅仅是材料空间位置分布不同而已。例如,图6-3所示典型复杂结构的零件,采用3D打印可带来更大的自由度,赋予了设计者更广阔的想象空间,实现更大胆、更好的设计。

4. 提高产品质量

随着工业发展越来越成熟,生产的产品越来越复杂,产品质量在制造业中占据越来越重要的地位。3D打印技术在以更快的速度和更低的成本进行生产的同时,也保证了产品质量合格且稳定,3D打印的产品具有较高的精度,同时能够避免传统生产方式中对工艺的反复修正,因此3D打印技术生产的产品具有稳定的误差范围,在保证产品质量上具有巨大的优势。

四、视频讲解

6.1

五、课堂讨论

在工业领域，3D打印有什么需要改进之处？

六、思考与练习

1）3D打印在工业制造领域的优势有哪些？

2）3D打印在工业制造领域还有哪些具体应用实例？

3）3D打印有哪些不足之处需要改进？

6.2　3D打印与医疗应用

一、课堂引入

随着社会的发展、生活水平的提高，人们对健康越发重视，医疗行业也面临着更大的需求量和更高的要求。3D打印这种先进制造技术，凭借其快速制造、精确制造、个性化制造的优势，能够解决原本棘手的医学难题，极大地促进了生物医学、医疗领域的发展，并得到了广泛的应用。3D打印在医疗领域的应用有哪些？

二、相关知识

1. 用于3D打印的医用材料

根据材料的化学性质，用于3D打印的医用材料可以分为金属、陶瓷和聚合物等。金属材料例如Ti基金属生物材料，具有优异的生物相容性、抗疲劳性和耐蚀性等特性，被广泛应用于生物医学领域。生物陶瓷材料一般用于制备牙齿和骨骼植入物，利用3D打印技术制造精度更高的生物陶瓷牙齿和骨骼植入物，可满足患者对骨骼和牙齿更换的特殊需求。一些天然聚合物，如壳聚糖、聚乳酸和透明质酸等，具有良好的生物相容性、生物降解性，应用于生物体内时可避免免疫原性反应，所以被广泛用于组织工程和再生医学中。

人工器官的出现为患者带来了福音，而其中支架材料是构建人工器官的要素之一，需要具有良好的生物相容性、一定的机械强度和合理的内部结构，内部结构会对细胞活性和细胞增殖产生影响。对于不同的患者和不同的病情，需根据具体情况定制不同结构的支架，传统的制造方法难以满足这种个性化定制需求。3D打印技术可以提供个性化定制服务，制造具有复杂结构的支架，并大幅提高支架的性能。

2. 3D打印应用于个性化医疗

（1）个性化的药方　3D打印技术可以加入一个全新的方法来制造定制化药物，可以制造定制化的3D打印口服药。

（2）独特的剂量　3D打印技术也可以用来生产独特剂量的药物，这一过程是通过喷墨式3D打印技术来实现的。据专家介绍，3D打印技术可能对传统药物制造行业是一个挑战，该工艺制造的新型制剂已经过多种药物测试。

（3）更复杂的药物释放曲线　药物释放曲线可以显示药物在患者体内分解的时间，亲自设计和打印药品更容易了解它们的释放曲线。3D打印技术可以打印个性化的药物，通过分层打印带有黏合剂粉末基底，便于有针对性地控制药物释放，这就给活性成分之间创造了屏障，让研究人员能够更精确地研究释放的变化。

（4）打印活体组织　每个器官的复杂程度不同，一些组织比较容易打印，比如皮肤，但是打印心脏、肝脏和肾脏这样复杂的器官就比较困难，现在3D打印技术的难点在于打印复杂的血管。

三、3D 打印在医疗领域的应用

3D 打印技术最初在医疗领域的应用在于快速地制造医疗模型，用于协助医疗人员和患者沟通、诊断和手术规划使用。随着 3D 打印技术的发展和成熟，3D 打印在医疗领域的发展越来越广泛，甚至有些领域内还离不开 3D 打印技术。3D 打印在医疗领域的应用有以下几个方面：

1. 辅助医疗诊断

随着数字化医疗的快速发展，医疗人员可以方便准确地获取生物体各组织的三维立体数据，再应用多材料 3D 打印技术，可以快速打印出各病变组织的三维模型。根据病变组织的三维模型，医生可以更精确地诊断患者病情，并制订相应的手术方案，进行模拟手术。该病变组织的模型也可以让患者和家属更好地了解病情。例如，在手足外科中，对于夏科氏足，因解剖畸形使手术变得较复杂，术前规划尤其重要。通过 3D 打印模型对手术进行模拟与规划，保证了原本棘手的手术顺利进行。

2. 骨科的临床应用

3D 打印可以实现多空间结构的自由设计，可将近软骨组织的弹性材料植入以促进其生长。同时 3D 打印无须制作模具，加工速度快，生产周期短，与人体兼容性较好。这些优点使得 3D 打印技术在骨科的临床应用上取得了许多成功。

3. 手术辅助器械

在骨科、口腔颌面等外科领域，可利用 3D 打印技术定制个性化模板，如图 6-4 所示，3D 打印手术导板，医生可以在手术前进行详细地规划，降低了手术的风险。

例如，某医院的一名口腔癌症患者治愈之后，在治愈康复过程中成功地接受了面部修复手术。这得益于 3D 建模以及金属 3D 打印技术。在癌症治疗后，患者的颌骨被大面积破坏，需要进行截骨和重建，以修复面容。快速制造专业人员通过 CT 扫描数据，创建了颌骨和腓骨的 3D 模型，如图 6-5 所示。之后根据外科医生的要求，快速制造专业人员设计了腓骨的切割路径，以精确地采集两段健康的骨骼和血管结缔组织。

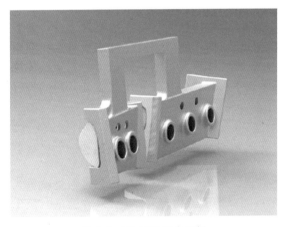 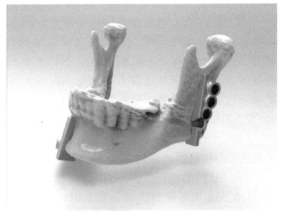

图 6-4　3D 打印手术导板　　　　　　　图 6-5　颌骨和腓骨的 3D 模型

快速制造专业人员将三维数字文件发送到 3D 打印公司，使用钛合金 TiMG1 材料重构病人的下颌骨，通过 3D 打印出手术导板和植入物。这样一来，在切割导板上捕获到骨表面的精确轮廓，提高了切割的精度，并确保两块骨片以正确的角度切割，有利于建立牢固的关节。手术方案留下尽量狭窄的缝隙，有利于术后骨骼融合。手术过程没有任何并发症，患者恢复正常，这项方案被认为不仅使手术结果更加可控，而且有助于病患更快更好地恢复。

4．3D 打印活体细胞

使用 3D 打印技术打印活体细胞材料在医疗方面具有广阔的发展前景，活体组织与器官打印的关键材料之一就是活体细胞材料和可用作细胞生长的支架的水凝胶。实现活体细胞打印的难点在于细胞准确定位和培养之后，需要确保形成的机构具有生物活性。目前国内生物细胞打印技术方面取得了重点突破，通过打印活细胞、水凝胶等生物细胞材料，可以直接打印出活性人体器官，如耳朵、肝脏、肾脏单元、血管等，是目前世界上最领先的 3D 打印技术之一。例如，图 6-6 所示就是一种 3D 生物打印机。

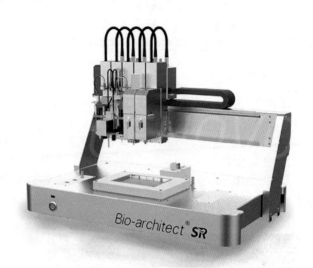

图 6-6　一种 3D 生物打印机

四、视频讲解

6.2

五、课堂讨论

请同学们根据自己对 3D 打印的理解，分组讨论以下问题：

3D 打印在医疗领域未来还有哪些进步空间？

六、思考与练习

1）3D 打印在医疗领域的优势有哪些？

2）3D 打印在医疗领域还有哪些具体应用实例？

3）3D 打印在医疗领域未来还有哪些进步空间？

6.3　3D 打印与建筑应用

一、课堂引入

当前，我国的建筑工程建设逐步实现了住宅产业化发展，实现了标准化的设计、工厂化的生产和一体化的装修，在设计、生产、施工等环节中形成了相对完整的产业链条，实现了全过程的工业化建设。在建筑行业，3D 打印技术顺应产业革命的发展，将使大规模的个性化生产成为可能，逐步实现快速建造和产业化生产，并会创造出大量的传统工艺无法生产的新型材料，这将会带来全球制造业经济的重大变革。

3D 打印技术在建筑领域的应用，有助于缩短工程建设的周期，提高施工的效率，减少人、财、物等资源的消耗，真正实现绿色、环保。那么 3D 打印在建筑领域主要应用哪些方面？具体的成功案例有哪些？我们来共同探讨一下。

二、相关知识

建筑 3D 打印主要有两种方法：一种方法是可以在现场将整座建筑打印出来；另一种方法是可以在工厂中打印出一些建筑的构件，然后将其运送到现场进行组装。在现实生活中，3D 打印主要应用于建筑装饰以及建筑模型的制作，3D 打印实体建筑尚处于实验性阶段。

1. 建筑装饰

目前，3D 打印在建筑装饰上已经比较成熟，如室内装饰（3D 打印墙、灯饰、浮雕墙）、异形构建建筑物、数字家具（沙发、座椅、茶几、桌椅）、景观雕塑等，如图 6-7 所示。

图 6-7　3D 打印沙发和建筑装饰

个性化的装饰部件已经成功应用于水立方、上海世博会大会堂、国家大剧院、广州歌剧院、东方艺术中心、凤凰国际传媒中心、海南国际会展中心、三亚凤凰岛等成百上千个建筑项目。

2. 建筑模型

在建筑业，设计师们使用 3D 打印机打印建筑模型，如建筑户型模型、建筑景观规划模型、建筑结构剖面模型等，如图 6-8 和图 6-9 所示。模型打印快速、成本低、环保、制作精美，是建筑创意实现可视化与无障碍沟通最好的方法，完全符合设计者的要求，且节省大量的材料和时间。

图 6-8　3D 打印城市规划　　　　　　图 6-9　3D 打印建筑模型

3. 建筑实体

3D打印建筑实体还处于探索和快速发展的阶段。真正进入商业化阶段的案例很少,但是也产生了很多重要的验证实体建筑,如轮廓工艺、莫比乌斯环屋(图6-10)、月球基地、荷兰"运河屋"、青浦园区打印屋等。

图6-10　莫比乌斯环屋

三、3D打印在建筑领域的应用

通过对3D打印在建筑领域的应用类型及案例的了解,可以说3D打印建筑的前景宽阔,那么3D打印出来的建筑有什么特点?与传统施工工艺相比,3D打印建筑的优势有哪些?

.1. 降低建筑成本

在使用3D打印技术的时候,设计人员只要采用计算机和打印机就可以制造完整的建筑模型。在进行模块定制、单件小批量生产时,可以大大降低生产成本和工程的施工时间,也可以起到节约建筑原材料的目的,进而促使建筑施工的成本得到大幅度降低。

2. 缩短施工工期

建筑3D打印,既不需要传统的施工队伍,也不使用砖瓦等建筑材料,绝大部分的建筑构件都是在工厂使用打印机进行建设和构造,最后再到施工现场进行组装的,缩短了施工工期,提升了生产率。

3. 提高工程质量

3D打印技术的相关产品是没有缝隙的衔接,具有很强的稳固性和连接强度,将计算机中的程序与数字技术相互结合在一起,可以使建筑数据的精确性得到保证;同时使用坚固的建筑材料可以使房屋质量得到保证,进一步解决渗漏、开裂等问题。

4. 降低建筑危险

使用3D打印技术,促使建筑施工中高空坠落和建筑物坍塌的危险系数大大降低,也可以为工作人员提供更加安全、稳定的环境。

另外,3D打印技术能够根据建筑设计人员的设计图对各种具备复杂性、个性化的建筑造型进行打印,并且具备外部美观、环保等特征。

可以看到,3D打印建筑有着传统建筑不具备的优势,但也有很多限制。如目前可以满足3D打印的建筑材料偏少,研究方向多以环保材料为主,但是缺少加工废料和黏合剂的生产方式和厂商。再如打印出来的房屋牢固性有待提高,因为内部没有钢筋结构加固,现有的3D打印技术可以独立完成的仅有1层或2层的矮建筑、临时性的建筑和应急性建筑。最近在上海、北京、杭州等地已经出现了可供居住的3D打印试用房,欧洲多地也在建设3D打印社区作为试点。相信这一问题很快就会得到解决。

四、视频讲解

6.3

五、课堂讨论

请同学们根据自己对 3D 打印的理解，分组讨论以下问题：

1）3D 打印在建筑领域的应用，除材料和安全性方面，还有哪些方面的技术难题需要解决？

2）随着科技的进步，新技术、新工艺、新材料的出现，讨论并设想一下 3D 打印技术在建筑领域还会有哪些新突破？

3）试着用思维导图的方式对 3D 打印与建筑的相关知识进行描绘。

六、思考与练习

1）3D 打印建筑主要应用在哪些方面？

2）3D 打印应用于建筑领域的优势有哪些？

3）3D 打印在建筑领域的应用还有哪些技术难题？

6.4 3D 打印与大众消费

一、课堂引入

目前，3D 打印技术的应用主要体现为四种方式：概念模型、结构和外观测试、功能测试、直接制造，其应用主要集中在大众消费领域。在大众消费领域，3D 打印的应用非常广泛，从工艺设计、珠宝、玩具、手办，到教学、科研、文化创意等方面，不一而足。

图 6-11 所示为 3D 打印个性汉堡，通过 3D 打印机，以前无法想象的服务将成为现实。那么 3D 打印在珠宝首饰、食品、服装、文化艺术领域的具体应用有哪些？

图 6-11 3D 打印个性汉堡

二、相关知识

1. 3D 打印在珠宝首饰领域的应用

（1）打印蜡模 借助 3D 打印技术打印蜡模，用于失蜡铸造，省去了繁杂的手工步骤，加快了蜡型制作速度。

（2）直接生产珠宝或零部件 自从 3D 打印应用逐渐普及，一些新奇的珠宝首饰产品开始层出不穷，国际几大时装周上频现 3D 打印珠宝、服饰，非常夺人眼球，给这个世界添加了更多精彩。

（3）设计沟通、设计展示　在产品设计早期，就使用 3D 打印设备快速制作足够多的模型用于评估，不仅节省时间，而且可减少设计缺陷。

（4）个性化定制　3D 打印以其高效的特点，能够帮助企业对客户的定制需求快速做出反应，抢占高端市场，如珠宝定制、首饰定制等。例如，图 6-12 所示为个性化定制软件的界面。

（5）装配、功能测试　3D 打印可实现产品功能改善、生产成本降低、品质更好、市场接受度提升的目标。

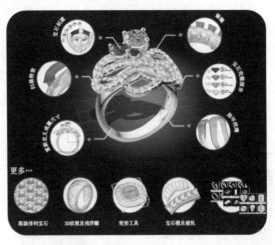

图 6-12　个性化定制软件的界面

3D 打印技术的飞速发展，在珠宝首饰等专业领域的创新应用不断取得突破，为珠宝设计的个性化、智能化制造创造了有利契机。

2. 3D 打印在食品领域的应用

到目前为止，3D 打印技术可以成功打印出 30 多种不同的食品，主要有六大类：糖果类（巧克力、杏仁糖、口香糖、软糖、果冻）、烘焙食品（饼干、蛋糕、甜点）、零食产品（薯片、可口的小吃）、水果和蔬菜产品（各种水果泥、水果汁、蔬菜水果果冻或凝胶）、肉制品（不同的酱和肉类品）、奶制品（奶酪或酸奶）。

食物 3D 打印最先开发的是 3D 打印巧克力（图 6-13），巧克力是食品 3D 打印最完美的原料，它易于融化和冷却，打印的同时又不会改变巧克力的味道。

图 6-13　3D 打印巧克力

3. 3D 打印在服装领域的应用

（1）样板设计　在大多数情况下，服装品牌需要提供样品、制作样板、裁剪面料、缝合裁片并将产品发给客户进行适身性研究，可能需要多次重复才能核准该服装适合或最终放弃。通过使用 3D 技术，无须使用实物样品或使用较少的实物样品，从而显著地降低放弃款式的成本（材料、人力和时间方面的成本），有助于提高流程的效率和利润。

（2）合身性检查　合身性检查在过去都在纸样上完成，需要大量繁杂的手动调整，往往需要几个小时甚至几天。3D 人体扫描仪在采集企业试衣模特数百万个扫描点后，来创建和实际人体相同的虚拟人体模型，用于准确地预测服装的舒适性和松紧性。

（3）3D 制衣打印　全球首款 3D 打印鞋如图 6-14 所示，这款鞋在设计制造的过程中有着工艺简单、柔性度高、成本低、成形速度快等特点，同时也将样品的开发时间由几个月缩短为几个小时。

（4）虚拟试衣　据报道，有的"三维服装设计计算机模拟系统"，预设逾千个不同人体的体型参数数据，并把人体分成 16 个特征，包括头部、颈部、手臂、腿部、足部等，再采用激光从正面及侧面扫描个人体型数据，继而从 30 万个扫描点中抽取 184 个主要特征点，作为制作数码立体服装纸板依据。该技术能配合网上服装销售趋势，让客户输入个人体型数据，进行网上试衣，如图 6-15 所示。

图 6-14　3D 打印鞋

图 6-15　虚拟试衣

3D 身材测量、自动 3D 制版、3D 编织在内的 3D 打印技术的出现，为服装注入新的元素，颠覆了传统的制衣模式，刷新人们对服装的认知，引领独树一帜的穿戴潮流。

4. 3D 打印在文化艺术领域的应用

（1）文物复制　如图 6-16 所示，采用 3D 打印技术复制的天龙山石窟佛像，尺寸误差小于 2μm，只有通过特殊的仪器才能被分辨出来。使用该技术得到的复制品代替真实文物放于博物馆中展览，既可展示文物风采，又可防止人为照相、触摸以及氧气环境、不适的空气湿度对文物的损坏。

（2）影视道具　越来越多的电影开始使用 3D 打印机制造各种虚拟的人设或复杂的道具，如《钢铁侠 2》中男主角的贴身盔甲（图 6-17），就是使用 3D 打印技术制造的。作为一项颠覆设计、原型开发及制造流程的新兴制造技术，3D 打印技术大大拓展了电影工业的想象力，将电影服装道具制作等带进了一个崭新的领域。

图 6-16　3D 打印天龙山石窟佛像

图 6-17　钢铁侠 3D 打印贴身盔甲

（3）艺术创作   文化创意的本质在于对现有事物的重新诠释与突破，3D打印技术将以自身的应用优势，促进工艺美术和艺术设计的发展。3D打印技术通过设计师脑海的3D画面转换成计算机的3D模型，不再受制于传统的制造技术便可以实现更为复杂的艺术设计。图6-18为利用3D打印技术制作的传统技术无法实现的雕塑艺术品。

图6-18   3D打印雕塑艺术品

三、3D打印在大众消费领域的优势

3D打印技术在大众消费领域的应用有其独有的优势所在。

1. 3D打印珠宝首饰的优势

相较于传统珠宝工艺，3D打印技术无须人工操作即可完成复杂的成形，提高了首饰模型的制造效率，缩短了制造周期；手工无法完成的复杂结构，3D打印技术只需要设定好程序就能打印出来，将复杂的结构制作简单化；3D打印首饰能让人们耳目一新，实现各类个性化定制，满足人们的个性化需求，为珠宝首饰行业的发展注入更多活力。

2. 3D打印食品的优势

3D打印可以制作出比传统食品更柔软、更易咀嚼的食物，彻底改变很多老年人和特殊疾病患者整日靠传统泥状食品度日的窘境；3D打印食品的个性化定制，可以满足人们对创新食品及特殊外形等食品的需求；3D打印食品能根据不同人群身体的不同需要，调整所做食物所包含营养成分的比例，实现营养价值可控。

3. 3D打印服装的优势

通过3D打印，设计师天马行空的想法能轻易变成现实，夸张的曲线、交错到不能理清的扭纹、如同钢铁一般的网格衣都能出现在人们面前。3D打印技术能够按照设计随心所欲地生产，真正实现了个性化；一次成形、制造快速，省去了传统工艺的多道工序；采用增量法而非传统的减量法，节省了原料，基本上没有废弃物产生。

四、视频讲解

6.4

五、课堂讨论

请同学们根据自己对3D打印的理解，分组讨论以下问题：

1）大家认为3D打印在大众消费领域还有哪些应用？

2）讨论在3D打印食品方面，还有哪些技术难题需要逐步被化解？

3）你最想拥有一台什么样的3D打印机用来改善你的日常生活？

六、思考与练习

1）3D 打印技术在珠宝首饰领域的主要应用方式有哪些？

2）3D 打印技术在食品领域的应用案例有哪些？

3）3D 打印可以应用在文化艺术的哪些领域？

4）3D 打印机应用在大众消费领域的优势在哪？

6.5　3D 打印与航空航天

一、课堂引入

为适应新时代国防、科技事业发展的需求，我国有关部门采取了多种措施来推动航空航天事业的发展。相比消费和制造领域，我国 3D 打印技术在关键军事领域的运用已经非常成熟，其中包括航空母舰上的各种武器和配套装置、人造卫星的外部构造、火星探测器、空间站乃至宇宙飞船，而航空航天领域也是国内目前运用 3D 打印最多的领域，如图 6-19 所示。

图 6-19　3D 打印在航空航天领域的应用案例

二、相关知识

3D 打印技术的引入对于航空航天领域的发展助力很大，主要体现在缩短新型装备研发周期、提高战略材料利用率、降低制造成本、优化零部件结构、便利零部件修复成形等方面。

1. 3D 打印技术在航空航天领域应用的优势

（1）缩短新型航空航天装备研发周期　金属 3D 打印技术让高性能金属零部件，尤其是高性能大构建的制造流程大为缩短，无须研发零件制造过程中使用的模具，这样就可以极大地缩短产品研发制造周期。如我国战斗机机身内的镍基高温合金燃油喷杆，采用 3D 打印技术制造后，将原来由 15 个零部件组成的构件整合成为一体，有效降低了研制周期和生产成本，而且还可以实现等应力设计，大大提高了燃油喷杆的稳定性和可靠性。

（2）提高战略材料利用率，降低制造成本　航空航天制造领域需要的重要零部件均需要使用价格昂贵的战略材料，如钛合金、镍基高温合金等难加工的金属材料，传统制造方法对这类材料的使用率很低，机械加工的程序复杂，生产时间周期长，成本高。而 3D 打印技术可将这类材料的使用率普遍提升到 60%，甚至高达 90% 以上，从而降低制造成本，节约原材料。图 6-20 所示为 3D 打印的涡喷发动机转子，初步估算将使每架波音 787 飞机的制造成本节约 200 万~300 万美元。

（3）优化零部件结构，减轻重量，增加使用寿命　对于航空航天、武器装备而言，减轻重量不仅意味着可以增加飞行装备在飞行过程中的操纵灵活度，还可以增加有效载重量，节省燃油，降低飞行成本。3D打印技术的应用，可以优化复杂零部件的结构，在保证性能的前提下进一步减轻零部件重量，同时使零件的应力呈现出最合理化的分布，减少疲劳裂纹产生的危险，从而增加零部件的使用寿命。

3D打印的金属涡轮喷嘴（图6-21）相比传统燃油喷嘴，部件数量由20件降低为1件，重量整体减轻了25%，使用寿命提升了5倍以上。

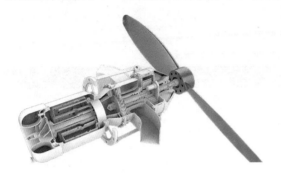

图6-20　3D打印的涡喷发动机转子

图6-21　3D打印金属涡轮喷嘴

（4）便利零部件修复成形，减少损失　金属3D打印技术除可用于生产制造之外，其在修复成形方面所表现出的应用价值与潜力，甚至高于其制造本身，主要表现在现场维修和生产零件与处理部件金属损伤两个方面。

在过去，备件通常需要从本地或海外进行运送并占据大量的库存，而使用3D打印技术可让航空器使用者不再需要等待备件仓库发货，现场即可提供有效且灵活的解决方案，这就意味着更少的维修停机时间以及更多的飞机可用性，将为仓储和运输成本方面节省大量费用。在航空航天领域，3D打印设备同样可通过直接进入空间站的方式打印设备与零部件。作为首台出现在国际空间站的Refabricator 3D打印机（集成式3D打印机和回收机），能将废塑料物质回收制成高质量的3D打印长丝，使在长时间的太空任务中实现可持续的制造、维修和回收成为可能，有望为未来的深空探索节省大量材料运输成本与备件占用空间。

在使用3D打印技术后，在受损部位进行激光立体成形，就可以恢复零件形状且性能满足使用要求，甚至使修复后的零件使用性能高于基材，在降低了航空航天在全寿命周期内修复成本的同时，提高了修复效率。

2. 国内外应用现状

因为3D打印的诸多优势，国内外在此领域的研究屡有突破。

国内方面，中国航天科技集团公司与上海航天设备制造总厂联合研制出一款多激光3D打印机，目前已成功打印出卫星星载设备的光学镜片支架、飞机研制过程中用到的叶轮等构件。这些构件有的形状极其不规则，有的微小而复杂，如果采取传统加工技术，不仅造价昂贵、废品率高，甚至难以加工生产，而这台3D打印机很快就能打印出来。成都航利集团利用3D打印技术进行飞机发动机叶片修复，开展了数字化仿真、寿命评估等前沿理论研究和再制造技术预算，创建了国内第一套具有国际先进水平的航空发动机再制造技术和工程管理体系，使按引进标准不能修复的3万余件关键零部件得到再生，实现了军用航空发动机整机性能升级，成为航空发动机精密零件世界级生产基地和供应商，并建成国内首个"航空发动机再制造技术应用研发中心"。

国外方面，美国航空航天和军火承包商Aerojet Rocketdyne日前成功完成MPS-120 CubeSat

（MPS-120）高冲击可适应模块推进系统的点火试验，这意味着 3D 打印的胖集成推进系统将可为微型 CubeSat 卫星提供动力。

三、3D 打印在航空航天领域的应用及发展趋势

1. 3D 打印技术在航空航天领域的应用

在航空航天领域，3D 打印非常适合设计和制造高端、精密零部件，其在航空航天领域的应用价值获得了多方的支持。这几年来，国内外企业和研究机构利用 3D 打印不仅打印出了飞机、导弹、卫星、载人飞船的零部件，还打印出了发动机、无人机、微卫星整机等零部件或者成品。表 6-1 为 3D 打印技术在航空航天领域的部分应用。

表 6-1　3D 打印技术在航空航天领域的部分应用

领域	公司或机构	应用
零部件领域	空客公司	采用 3D 打印技术生产了超过 1000 个飞机零部件，其中用于 A350XWB 宽体飞机的舱体支架获得"2014 年德国工业创新大奖"
	美国空军第 552 空中控制联队	利用 Fortus400mc 3D 打印机成功打印出飞机座椅扶手的塑料端盖，并首次获得批准将其应用于 E-3 预警机，通过 3D 打印实现该部件的单位成本由 8 美元降低至 2.5 美元
	美国海军	在 2016 年 3 月进行的"三叉戟" IID5 潜射弹道导弹第 160 次试射中成功测试了首个使用 3D 打印的导弹部件——可保护导弹电缆接头的连接器后盖，使该零件的设计和制造时间缩短了一半
	美国 Aerojet Rocketdyne 公司	利用 3D 打印制造了首批 12 个"猎户座"载人飞船喷管扩张段，制造时间比传统制造工艺技术缩短了约 40%
	俄罗斯托木斯克理工大学（TPU）	设计并制造的首枚外壳由 3D 打印的 CubeSat 纳米卫星 Tomsk-TPU-120 于 2016 年 3 月底搭载进步 MS-02 太空货运飞船被送往国际空间站
	中国航天科技集团公司八院动力所	利用 3D 打印技术制造了固体姿轨控发动机上的关键部件燃气阀，该燃气阀采用 3D 打印技术一次成形，使传统工艺工序繁杂、效率低下以及加工变形等问题得到了有效地解决
整机领域	美国太空探索技术公司	下属火箭实验室发布了一台用于低成本太空旅行的 3D 打印世界首款电动火箭发动机——Rutherford 电动发射系统，采用该系统可将火箭发射成本由传统燃料火箭发射的 1 亿美元降至 490 万美元
	英国南安普顿大学	利用增强型 ABS 塑料打印出了一款成本仅为数千美元的小型无人机（SULSA）
	俄罗斯 Rostec 公司	推出 3D 打印的多用途两栖无人机，该无人机质量为 3.8kg，翼展为 2.4m，飞行速度可达 100km/h，续航时间长达 15h，从概念到原型仅花费两个半月，生产时间约为 31h，费用不到 20 万卢布（约合 3700 美元）

目前，航空工业应用的 3D 打印主要集中在钛合金、铝锂合金、超高强度钢、高温合金等材料加工方面，这些材料基本都具有强度高、化学性质稳定、不易成形加工、传统加工工艺成本高昂等特点。而在 3D 打印技术方面，航空领域应用较多的 3D 打印技术主要采用选择性激光粉末熔化（SLM）、电子束熔炼（EBM）、直接金属激光烧结（DMLS）等技术形式。

随着 3D 打印技术成为提高航空航天器设计和制造能力的一项关键技术，其在航空航天领域的应用范围不断扩展，并显现出从零部件向整机制造方面扩展的趋势。

2. 3D 打印在航天航空领域的发展趋势

3D 打印未来在航天航空领域的 5 大应用：

（1）飞机机翼制造　现在，很多飞机的零部件都是使用 3D 打印技术制作的，未来将可以制作整个飞机的机翼。3D 打印技术在大型零部件的制作上有很大的局限性，因其内部压力的变化，可能会使零部件变形。但是，最近有一种全新的制作方式，通过超声波可以让金属零

部件更加坚固，且减少局部压力。

（2）复杂零部件制作　通用电气公司已经 3D 打印出了 GE9X 发动机，可以在未来的波音 77X 长途客机上使用。3D 打印技术也可以用于原型测试和数控机器的角度和公差测试等。近日，Autodesk 和 Stratasys 合作，3D 打印出涡轮螺旋桨发动机，展示了 3D 打印技术在发动机零部件制作方面的前景。

（3）按需制作零部件　目前，NASA 在下一代太空探索装置上将使用 70 个 3D 打印的零部件。按需制作零部件将直接降低发送火箭到太空的成本和制作周期。3D 按需打印航空零部件已经被很多公司使用，通过与美国航天局合作，该公司已经将一台零重力的 3D 打印机送向了国际空间站，让宇航员可以 3D 打印零部件。

（4）无人驾驶航空系统　BAE Systems 已经公布了 2040 个飞机零部件，将 3D 打印技术用于无人机的研究。在这一概念下，无人机将检测灾情，并将工程数据传回地面指挥中心。最终，3D 打印无人机将会执行救援行动或进行监控灾情。尽管这仅仅是一个概念化的想法，BAE Systems 已将其用于无人机研发，希望可以将概念变为现实。

（5）3DPaaS（3D Printing as a Service）　NASA 正在展望探索 3D 打印作为快速预原型（Rapid Pre-Prototyping）制造服务的未来。NASA 喷气推进实验室使用的 3DPaaS，可以使工程师获得同行评审、替代设计概念、最终原型的认可。随着开源设计开发的发展，来自外界的各种想法都可以集成在一起，因而建造时间和成本都可以大大降低。

航空航天作为 3D 打印技术的首要应用领域，其技术优势明显，但是这绝不是意味着金属 3D 打印是无所不能的，在实际生产中，其技术应用还有很多亟待解决的问题。比如目前 3D 打印还无法适应大规模生产，满足不了高精度需求，无法实现高效率制造等。而且，制约 3D 打印发展的一个关键因素就是其设备成本的居高不下，大多数民用领域还无法承担起如此高昂的设备制造成本。但是随着材料技术、计算机技术以及激光技术的不断发展，制造成本将会不断降低。

四、视频讲解

6.5

五、课堂讨论

请同学们根据自己对 3D 打印的理解，分组讨论以下问题：

1）3D 打印在航空航天领域应用的未来发展趋势如何？

2）我们在感受了 3D 打印在航空航天领域的广泛应用后，讨论一下 3D 打印技术在航空航天领域的应用中还存在哪些不足？

3）你知道的 3D 打印在航空航天应用领域的案例有哪些？与同学们分享一下。

六、思考与练习

1）3D 打印技术在航空航天领域有哪些应用？

2）3D 打印应用于航空航天领域的优势有哪些？

3）3D 打印在航空航天领域应用发展的趋势及面临的挑战有哪些？

项目7 3D打印技术发展展望

随着我国科技水平的不断发展，新兴科技实力不断增强，3D打印技术也日益成熟。未来将会出现更多具有良好综合性能的成形材料，材料种类也会越来越丰富，都为3D打印技术的进一步发展和推广提供了良好的支持。另外，随着3D打印技术可用材料的不断增加和3D打印机工作能力的不断提高，可以通过3D打印机进行打印的实体模型种类将会不断增加，3D打印技术的应用领域也将会继续扩大。

经历多年的发展，3D打印技术在打印速度、精度、材料上均有质的飞跃，尤其是近些年，大量资源投入到3D打印的发展行业中。虽然目前3D打印技术的发展和应用受到各种因素的影响，但随着不断的研究和技术的进步，3D打印的应用领域将不断扩大，打印材料将更加多样化，打印设备的功能也会更加完善，而且即将给传统的生产方法带来深远的影响，引领全球制造业的新一轮革命浪潮。

【项目目标】

（1）能准确描述3D打印的发展方向和趋势。

（2）能准确描述3D打印的瓶颈。

【知识目标】

（1）了解3D打印技术的发展历史和特点。

（2）熟悉3D打印的现状。

（3）了解3D打印技术的优势。

【能力目标】

（1）通过学习学会收集、分析、整理参考资料的技能。

（2）能说出3D打印技术的作用。

（3）知道3D打印技术在各个领域的应用情况。

【素养目标】

（1）培养学生的学习方法、学习策略和学习技能，使其能够有效地获取和整合知识。

（2）培养学生有效沟通和表达的能力、团队合作能力，使其能够与他人有效地交流和合作。

7.1　3D打印技术创新需求分析

一、课堂引入

卢秉恒院士提出：从总体研究和产业发展来看，与大多数"一带一路"新兴市场国家相比，我国增材制造技术处于绝对领先地位，但与发达地区和国家相比，在高端增材制造装备商业化销售市场，美国和德国占据着绝对优势；我国高端增材制造装备的核心元器件和商用软件依旧依赖进口；系统级创新设计引领的规模化工业应用的发展还主要在美欧国家。我国在基础理论、关键工艺技术以及高端装备等方面存在较大的差距。

因此，我国的3D打印技术创新需求主要从基础材料生产的创新、打印设备的创新、工艺技术的创新三个方向来进行探索。

二、相关知识

1. 3D打印基础材料生产的创新需求

3D打印与普通打印的区别就在于打印材料，可打印材料的稀少和昂贵是制约3D打印技术的瓶颈。3D打印需要的材料必须是高分子材料，加热或激光照射之后要具有流动性，能够变成流体、半流体，成形之后有能力立刻固化。拥有这样条件的材料目前并不多。

3D打印的发展和创新需求体现在材料的决定作用上。当只能使用塑料、石膏的时候，3D打印的应用主要局限在样品模型制作上；当它能使用钛合金的时候，就能直接打印出构件应用在飞机上。如果将来，土壤、岩石、细胞等都能成为打印材料，再造一个大千世界也就成为可能。

我国目前大部分原材料依赖进口。目前国际上可供3D打印的材料超过300种，但品种数量仍显太少，且价格昂贵，对于直接进行零件制造的高端工业应用更是如此。基础材料生产环节亟待有新的理念产生。

2. 3D打印设备的创新需求

设备是实现工艺技术的载体，包含了高精度机械、数控、喷射和成形环境等子系统。美欧利用先发优势，不仅在设备方面，另外在关键元器件，如激光器、扫描振镜、喷头、精密传感器等器件，打印设备还需要不断发展，打印产品在成形方式与效率、自动化和智能化水平、可加工的产品尺寸、分辨率、色彩丰富和精细程度、模型或零件的尺寸精度，以及表面粗糙度水平等方面都需要不断提高。

3. 3D打印工艺技术的创新需求

ASTM将增材制造技术分为"光聚合、材料喷射、黏结剂喷射、材料超充、粉末床融合、片层叠加和定向能量沉积"七类。目前国际国内的创新需求主要围绕粉末/丝状材料高能束烧结及熔化成形技术、液态树脂光固化成形技术、丝材基础热熔成形技术、液体喷印成形技术、片/板/块材的粘接或焊接成形等打印工艺技术开展研究，同时更多的打印技术也会随着3D打印材料、工艺技术等的发展而有进一步的发展。

三、3D打印技术的发展创新

了解了3D打印技术在我国发展中目前的三个方向的创新需求，我们能够做些什么呢？

1. 3D材料技术的发展创新

现在一些先进的工业级3D打印机已经可以打印钢、钛，甚至钨这样的传统制造工艺很难加工的硬质合金了。目前市场上使用较多的金属材料主要就是钛及钛合金，其他金属材料比较少。将来金属材料的应用领域将非常广阔，但目前许多金属材料被国外厂家垄断，国内从事 3D 打印金属材料研发的企业还很少，基本要依赖进口，这大大限制了国内 3D 打印产业的发展。

家具、地板等，基本都是用木质材料制作的。目前国内已经有厂家推出了供 3D 打印使用的木质材料，它的大部分成分是木粉，再加上少部分的塑料。使用木质材料打印出来的产品，外观与木材很相似，具有木材的纹理和质感，没有塑料材料打印出来的那种粗糙度，同时还可被打磨、涂漆，与其他木质材料产品几乎一样。

在生物医学领域，3D 打印技术已非常成熟，但受制于生物材料的限制。纳米材料、复合材料、智能材料等这些未来都有可能成为 3D 打印材料的重要发展方向。当 3D 打印技术足够成熟之后，有更多的材料等待人们去开发，未来任何一种 3D 打印材料都会有巨大的市场，因为材料将是最大的消耗品。

2. 3D 打印设备的发展创新

3D 打印设备针对不同的用户群体，早已细分为"专业级、工业级和桌面级"等高、中、低三档次设备。从增材制造近年来在美欧的发展趋势来看，一方面桌面级设备通过智能化和成本不断降低，促进了大众化和社会化应用；另一方面，围绕金属零件的直接、间接制造，提高效率、致密度、精度、表面精度、实时在线测量缺陷的工业级和专业级高能激光和电子束增材制造技术不断进步，金属原材料品种持续丰富，标准不断完善，在工业界开始逐步应用。未来，陶瓷材料、新型功能、结构一体化复合零件的制造，医用假体制造、3D 细胞打印、组织器官类生命体制造等都可能成为 3D 打印的创新需求方向。

3D 打印设备是机械、功率元件、自控、光学、软件和材料核心技术的集成，与国家整体制造业水平的进步相匹配并不易。当前 3D 打印机价格还相对昂贵，大多数设备成形尺寸偏小，尚未被大多数工程师了解和使用，设备稳定性和重复精度远没有达到切削加工机床的水平，主要用于模型制造等有限价值的设备。即使 3D 打印机成本能逐步降下来，单个商品的制造成本还需较长时间解决。未达经济规模和未进入工业规模应用之前，仍需要大量的时间、人力、财力等前期投入。

3. 3D 打印设计工艺的发展创新

控形与控性是增材制造工艺的两个重要考察指标。但是，增材制造过程中材料往往存在强烈的物理、化学变化以及复杂的物理冶金过程，同时伴随着复杂的形变过程，以上过程影响因素众多，涉及材料、结构设计、工艺过程、后处理等诸多因素，这也使得增材制造过程的材料-工艺-组织-性能关系往往难以准确把握，形与性的主动、有效调控较难实现。因此，基于人工智能技术，发展形与性可控的智能化增材制造技术和装备、构建完备的工艺质量体系是未来增材制造面临的挑战之一。

作为一种新型制造技术，3D 打印技术在工业制造业方面获得了应用，目前成熟度远不能同金属切削、铸、锻、焊、粉末冶金等制造技术相比，尚有大量基础研究工作需开展，如激光成形专用合金材料、材料的标准、零件的显微组织结构与性能控制、应力应变控制、缺陷检测与控制、过程精度控制、后加工与后处理技术开发等。只有掌握了金属直接成形的核心技术，才有可能在未来的工业竞争中获得话语权。

四、视频讲解

7.1

五、课堂讨论

结合本任务内容，同学们分组讨论3D打印技术的创新需求可以体现在哪些未来行业中？

1）可以从消费品和工业品方面入手，了解3D打印技术创新需求。

2）在学习3D打印技术创新需求的过程中，准备采用什么样的学习方法？

3）试着用思维导图的方式对3D打印技术的相关知识进行描绘。

六、思考与练习

1）3D打印技术的创新需求主要有哪几个方面？

2）3D打印技术在设备创新中有哪几方面的需求？

3）为什么说控形与控性是增材制造工艺的两个重要考察指标？

7.2　3D打印技术的发展原则和目标

一、课堂引入

3D打印技术的快速发展，对传统的工艺流程、生产线、工厂模式、产业链组合产生了深刻影响，是制造业中代表性的颠覆性技术。我国高度重视增材制造产业，将其作为《中国制造2025》的发展重点。2015年，工业和信息化部、国家发展和改革委员会、财政部联合印发了《国家增材制造产业发展推进计划（2015—2016年）》。2017年，工业和信息化部等十二部门联合印发了《增材制造产业发展行动计划（2017—2020年）》，通过政策引导，在社会各界共同努力下，我国增材制造关键技术不断突破，装备性能显著提升，应用领域日益拓展，生态体系初步形成，涌现出一批具有一定竞争力的骨干企业，形成了若干产业集聚区，增材制造产业实现快速发展。

二、相关知识

当前，全球范围内新一轮科技革命与产业革命正在萌发，世界各国纷纷将增材制造作为未来产业发展的新增长点，推动增材制造技术与信息网络技术、新材料技术、新设计理念的加速融合。全球制造、消费模式开始重塑，增材制造产业将迎来巨大的发展机遇。与发达国家相比，我国增材制造产业尚存在关键技术滞后、创新能力不足、高端装备及零部件质量可靠性有待提升、应用广度深度有待提高等问题。为应对增材制造产业发展新形势、新机遇、新需求，推进我国增材制造产业快速健康持续发展，确定了制造、医疗、文化、教育四大领域为应用重点，同时积极推动"3D打印+"示范应用，向非制造领域拓展。

三、3D打印技术的发展原则和目标

1. 3D打印技术的发展原则

（1）创新驱动，夯实基础　强化技术、制度、模式、理念等创新，突破关键技术，健全设计、材料、装备、工艺、应用等环节核心技术体系，推动技术成果转化和推广应用。

（2）需求牵引，统筹推进　面向传统产业升级改造和新兴消费等应用需求，深入推进在航空航天、船舶、汽车等领域中的创新应用，积极促进在生物医疗、教育培训和创意消费等领域推广应用，打通增材制造在社会、企业、家庭的应用路径。

（3）军民融合，开放合作　大力推动增材制造技术在军工领域的创新应用，加强军民资源共享，促进军民两用技术的加速发展。鼓励优势企业加强国际交流合作和海外布局，在全球范围内优化配置创新资源，融入全球市场实现同步发展。

（4）市场主导，政府引导　充分发挥市场在资源配置中的决定性作用，强化企业主体地位，激发企业活力和创造力。积极转变政府职能，加强战略研究和规划引导，完善相关支持政策，推进示范应用，促进产业集聚化发展。

2. 3D 打印技术的发展目标

（1）产业保持高速发展　建立较为完善的增材制造产业体系，年销售收入年均增速在30%以上。关键核心技术达到国际同步发展水平，工艺装备基本满足行业应用需求，生态体系建设显著完善，在部分领域实现规模化应用，国际发展能力明显提升。

（2）技术水平明显提高　突破100种以上重点行业应用急需的工艺装备、核心器件及专用材料，大幅提升增材制造产品质量及供给能力。专用材料、工艺装备等产业链重要环节关键核心技术与国际同步发展，部分领域达到国际先进水平。

（3）行业应用显著深化　开展100个以上应用范围较广、实施效果显著的试点示范项目，培育一批创新能力突出、特色鲜明的示范企业和园区，推动增材制造在航空航天、船舶、汽车、医疗、文化、教育等领域实现规模化应用。

（4）生态体系基本完善　培育形成从材料、工艺、软件、核心器件到装备的完整增材制造产业链，涵盖计量、标准、检测、认证等在内的增材制造生态体系。建成一批公共服务平台，形成若干产业集聚区。

（5）全球布局初步实现　统筹利用国际国内两种资源，形成从技术研发、生产制造、资本运作、市场营销到品牌塑造等多元化、深层次的合作模式，培育3家以上具有较强国际竞争力的龙头企业，打造2~3个具有国际影响力的知名品牌，推动一批技术、装备、产品、标准成功走向国际市场。

四、视频讲解

7.2

五、课堂讨论

搜索了解《国家增材制造产业发展推进计划（2015—2016 年)》与《增材制造产业发展行动计划（2017—2020 年)》。

六、思考与练习

1）3D 打印技术的发展原则是什么？

2）3D 打印技术的发展目标是什么？

7.3　3D 打印技术的展望

一、课堂引入

增材制造技术是近年来全球最热门的先进技术。这项先进技术经过多年的发展，已经从实验室走进大众视野，开始逐步进入人们的日常生活中。从创意巧克力、甜品、冰淇淋，到陶瓷餐具、模型、时装，从个性化牙刷、心脏起搏器、仿生耳朵、微型肝脏，到概念车外壳、划艇、赛车零件，各种关于增材制造的话题层出不穷，各种耳目一新的3D打印物品纷纷面世。增材制造貌似已经无所不能，这也难怪科技界将2014年宣称为"增材制造元年"。除了媒体的高度曝光外，增材制造这项新兴技术也受到了资本市场的广泛关注。国内外专家一致认为，3D打印技术未来的发展将使大规模的个性化生产和复杂精密的零件批量生产成为可能，这将会带来全球制造业的"第四次工业革命"。越来越多的新闻和媒体认为，3D打印产业将会是具有强大的竞争能力的新型产业。

但与此同时，也有相当比例的学者对增材制造技术持谨慎态度，认为3D打印的影响被媒体夸大了，这种技术距离真正的应用还很遥远，还远不能替代传统制造业，未来也恐怕很难对世界产生颠覆性的影响。这种观点实际上是从更加理性的角度去看待这项新兴技术。不可否认，增材制造技术尚未成熟，其产业仍处于萌芽阶段。虽然它具有非常好的发展潜力，但其发展速度能否达到人们期望的程度，何时才能实现愿景，还无法得知。

以上两个对立的观点实际上引出了需要我们回答的一个共性核心问题：增材制造技术应该如何发展才能使其更加顺应市场需求？

二、相关知识

1. 三维数据的获取——智能化设计

三维模型的获取通常会通过两种途径：一种是逆向的方法，另一种是正向的方法。

逆向方法获取三维模型的一般路径是：对现有实物进行三维数字化扫描获取点云数据→对数据进行封装、简化等处理后导出常用三维建模软件能够识别的格式→在常用三维软件中进行人工重构。这一过程中，人工重构的技术要求和难度是最高的。为了解决这一问题，当前已经有个别企业在开发自动建模软件，而常用的点云处理软件中也嵌入了简单的特征识别和建模功能。可以预期在不久后，这一过程将完全被融入大数据和人工智能的三维建模软件自动实现，如图7-1和图7-2所示。

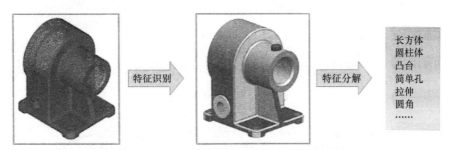

特征识别　　特征分解　　长方体　圆柱体　凸台　简单孔　拉伸　圆角　……

图7-1　基于三维点云数据的体素特征智能识别

但是，当没有可以参照的实物、图片等信息时，就需要借助嵌入设计数据库、专家系统、优化分析、人工智能等技术的智能设计软件来实现。人工智能可以大显身手，按照指令自动设计，并且是根据材料特性进行的优化设计。这一阶段的工作目前已有科研单位正在开发，相信不远的将来，只要人们输入自己的功能要求，就可在人工智能的帮助下完成后续的设计建模工作，如图7-3和图7-4所示。

2. 个性化产品的获取——分布式制造

3D打印技术的不断发展与人们日益高涨的个性化需求，带动了相关设计、材料、装备、工艺等各方面不断研发。随着专业化研究的深入和社会分工的进一步细化，围绕着满足个性化需求的众包设计（图7-5）、分布生产、集成装配等专业企业和个体也将不断发展壮大，为

图 7-2　基于体素特征的自动建模

坚固

美观

安装方便

重量轻

图 7-3　需求信息收集

样式库

材质库

优化设计

集成设计

图 7-4　智能设计与制造

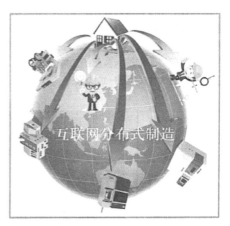

物品破碎
需要复原

依据工艺规划文
件进行3D打印

碎片扫描
自动重构

众包设计
与家庭打印

数据下载，根据
设计购买耗材

形状复原
需求上传

根据结构设计　根据性能需求
进行材料分析　进行结构设计

图 7-5　众包设计与分布式制造

个性化需求的各个环节带来更专业的支持。

　　未来在个性化产品定制的流程中，客户、设计者、制造者、耗材提供者等不再局限于某一公司或某一区域，而是分布于全球各个地方。最典型的就是大飞机的制造：空客公司在法、德、英和西班牙等国都设有工厂，每个工厂只生产飞机的一部分部件，飞机的机头和中机身段是在法国组装，前、后机身段和竖直尾翼在德国组装，机翼在英国制造、在德国装配，水平尾翼在西班牙组装，发动机吊架和短舱则在法国组装，这些大部件之后都被运往位于法国的总装线进行总装。

三、3D 打印相关技术的发展方向

　　为促进 3D 打印技术在装备、材料、应用等方面进一步深入研究，取得更大成果，带动更多产业升级发展，中国工程院、工信部等相关部门制定了前沿新材料发展重点计划和国家增材制造产业发展推进计划，其中 3D 打印相关技术的下一步发展目标如下。

　　1. 增材制造装备方面

　　重点突破具有系列原创技术的钛合金、高强合金钢、高强铝合金、高温合金、非金属工程材料与复合材料等高性能大型关键构件高效增材制造工艺、成套装备、专用材料及工程化关键技术，发展激光、电子束、离子束及其他能源驱动的主流工艺装备，攻克材料制备、打印头、智能软件等瓶颈，打造产业链。

　　2. 前沿新材料方面

　　为满足航空航天、生物医疗、汽摩配件、消费电子等领域对个性化、定制化复杂形状金属制品的需求，3D 打印金属粉末需求量将年均增长 30%，到 2025 年需求量达 2000t。

　　3. 3D 打印耗材方面

　　(1) 低成本钛合金粉末　满足航空航天 3D 打印复杂零部件用粉要求，低成本钛合金粉末成本相比现有同等钛合金粉末降低 50%~60%。

　　(2) 铁基合金粉末　利用 3D 打印工艺打印出致密的金属制品，其物理性能与相同合金成分的精铸制品相当。

　　(3) 高温合金粉末　开发金属粉末的致密化技术，建立制品的评价标准体系。

　　(4) 其他 3D 打印特种材料　突破适用于 3D 打印材料的产业化制备技术，建立相关材料产品标准体系。

　　4. 生物医疗方面

　　(1) 发展生物 3D 打印技术，研制组织工程和再生医学治疗产品　开展生物 3D 打印技术在药物筛选、组织工程和再生医学领域中的应用探索；利用生物 3D 打印技术，结合大分子药物、新型修饰型免疫细胞治疗药物、干细胞等，研制 10~20 个组织工程和再生医学治疗产品。

　　(2) 医用 3D 打印技术　用于 3D 打印技术的可植入材料及修饰技术，碳纳米与石墨烯医用材料技术、用于个性化制造的全面解决方案，包括检测、计算机辅助设计与制造技术等。

四、视频讲解

7.3

五、课堂讨论

1）你觉得未来 3D 打印还会有哪些发展？
2）你希望未来出现什么样的 3D 打印机？
3）3D 打印的优势是什么？

六、思考与练习

1）你对 3D 打印的未来有哪些期望？
2）你觉得 3D 打印为什么会发展如此迅速？
3）你觉得 3D 打印能取代传统制造业吗？

7.4　3D 打印与创客

一、课堂引入

基于 3D 打印的创客教育体系是一个融合有新一代信息技术的创造性学习环境，协同推进理论、技术和应用，让 3D 打印成为创客教育的具有革命性影响的常态技术，构建基于 3D 打印的创客教育支持体系，不断演进和更新 3D 打印创客教育理论，丰富创客学习内容，拓展创造性学习形式。3D 打印在教育领域的价值体现，很重要的一方面是 3D 打印可以实现创意，可以提高实践动手创造能力。这种崭新的教育模式集创造、思维、体验、学习为一体，能够借助外在的软硬件工具将自己的想法展现出来，培养探索、创新的能力。

二、相关知识

创新是科学发展、文明进步的动力。培养创新能力，是大学教育的首要任务。"创客"一词来源于英文单词"Maker"，是指出于兴趣与爱好，努力把各种创意转变为现实的人。3D 打印可以直接将"创客"的设计产品化，真正将 CAD 和 CAM 集于一体。

1. 创客、创客教育、创客空间

创客，"创"指创造，"客"指从事某种活动的人，"创客"本指勇于创新、努力将自己的创意变为现实的人。以创新为理念，以客户为中心，以个人设计、个人制造为核心内容，参与实验课题的学生即"创客"。"创客"特指具有创新理念、自主创业的人。

创客教育，集创新教育、体验教育、项目学习等思想为一体，契合了学生富有好奇心和创造力的天性，以课程为载体，在创客空间的平台下，融合科学、数学、物理、化学、艺术等多学科知识，培养学生的想象力、创造力以及解决问题的能力。其中，日益被人们所熟知的 3D 打印技术成为了创客教育实现和推广的重要桥梁。

创客空间的建设理念为"制造+互联网+创客空间"，依托互联网信息运营平台，联合校内各院系，凝聚学校相关创新创业实践资源，打造服务于双创教育的开放的跨学科创客实践平台。通过拓展基于工程实践的创新创业教育及服务，建设新型可重组、动态、数字化、开放的创新创业活动基地，提升创新创业服务的质量，打造科学、合理、一流的工程训练与创新创业教育基地。以优质实践资源支持全校创新创业生态系统，并对其他高校、职业院校、中小学以及社会开放，服务于广大创客群体和社会大众，获得广泛的社会效益。

2. 基于产品的项目教学法

以产品为载体，将一个相对独立的项目交由学生，如信息的收集、方案的设计、项目实施及最终评价，学生通过该项目的进行，了解并把握整个过程及每一个环节中的基本要求。

项目教学法最显著的特点是"以项目为主线、教师为引导、学生为主体",具体表现在:目标指向的多重性;培训周期短,见效快;可控性好;注重理论与实践相结合。项目教学法是师生共同完成项目,共同取得进步的教学方法。

各项目根据具体情况下发子模块,从而进一步设计各模块的建构性学习情境,充分利用各种教学资源和教学手段,进一步将线上教学与课堂教学有效结合,并采取"视频课程+课堂教学+讨论"的新教学模式,以达到调动教师、学生积极性和提高教学质量的目标。

三、3D打印场地规划及硬件配置

1. 场地规划及软硬件配置

(1)场地 场地面积80~100m²,或一间普通教室。

(2)场地规划 包括创意制作区、工具墙、作品展示区、讲台、投影板、分享交流区等,如图7-6所示。

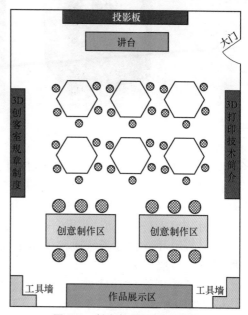

图7-6 创客教室平面设计图

(3)教室配置 以每班20人为例:每4个工位为一组,一共5组,每组4台计算机及3D打印机1台,开放式办公桌方便学生分组讨论并完成组装。3D打印创客室效果图如图7-7所示。

(4)教师基本要求

1)具备二维、三维设计软件基础知识。

2)具备机械制图、计算机操作、机械制造工艺学等基础知识。

3)人员需求:1人。

图7-7 3D打印创客室效果图

4)3D设备配置:①3D打印机5台;②工具箱6套;③配件21套。

5)其他辅助教学设备:如教学一体机、投影仪等。

2. 软硬件介绍

(1)3D打印机 3D打印属于增材制造技术,对于学校的3D打印创新实验室而言,一般选用桌面级3D打印机比较合适,多选用桌面级FDM 3D打印机,这种机器的优点是耐用、使用成本低,使用简单方便,如图7-8所示。

图 7-8　3D 打印机与 3D 打印作品

（2）3D 扫描仪（图 7-9）　3D 扫描仪通过非接触式测量方法能够得到被扫描物体的三维模型，学生可以在得到的三维模型的基础上加以重构，这是一种获取 3D 模型的方法。3D 打印是利用三维模型打印出三维的实体，而 3D 扫描仪是通过实体得到三维模型文件，相对于 3D 打印而言这是一个逆向过程，两者相互补充，形成从虚拟到现实、从现实到虚拟的闭环。教育领域通常使用桌面级 3D 扫描仪就可以了，这类扫描仪使用方便、操作简单、功能强大。

（3）三维创意设计软件　要使用 3D 打印机，必须先画好 3D 模型，有了模型，3D 打印机才能打印出模型对应的实体。3D 模型是用 3D 建模软件制作的，学习 3D 建模软件的使用方法，是使用 3D 打印机和创新创作的基础。在开始设计三维模型时，可使用简单易学的软件 3D One Plus（图 7-10），熟练掌握后，再使用专业的三维设计软件。

图 7-9　3D 扫描仪

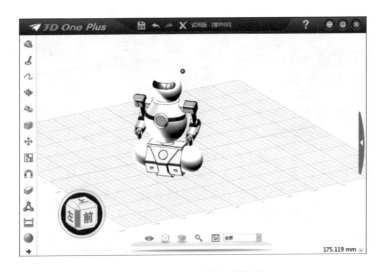

图 7-10　三维创意设计软件

四、视频讲解

7.4

五、课堂讨论

请同学们根据自己对 3D 打印的理解，分组讨论以下问题：

1）3D 打印可以实现批量生产吗？

2）未来 3D 打印可以在哪些方面实现突破？

六、思考与练习

1）3D 打印的优势是什么？目前遇到的瓶颈是什么？

2）3D 打印技术在哪几个方面需要进行技术提升？

3）3D 打印技术目前广泛应用的领域有哪些？

项目8　3D打印岗位

3D打印技术经过多年的探索、研究和改进，目前正处于承上启下的发展阶段，一方面期待新的技术突破，提高增材制造在材料、精度和效率上的要求，另一方面则是基于现有技术的新应用，扩大增材制造技术的应用范围和应用方式。前者可能的发展方向是具有高效、并行、多轴、集成等特征的新型增材制造技术，而后者的应用范围有汽车、航空航天、医疗、建筑、玩具、食品、教育，使增材制造术与装备由通用型向专用型发展，如细胞三维打印技术与装备、组织工程支架三维打印技术与装备等，如图8-1所示。工业中最先在模具制造、工业设计等领域用于制造模型，后来逐渐用于产品的直接制造，目前使用这种技术打印而成的零部件已十分普及。

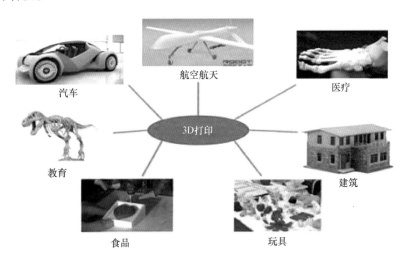

图 8-1　3D 打印的应用领域

此外，2021年2月10日，教育部发布了《教育部关于公布2020年度普通高等学校本科专业备案和审批结果的通知》，并对普通高等学校本科专业目录进行了更新，其中就包括了"增材制造工程"专业，通知显示，"增材制造工程"专业属于机械类，学时4年。

由此可见，国家对3D打印技术的重视程度不断增加以至于单独开设新专业来培养领域人才，因此对这类人才所具备的能力进行剖析显得尤为重要。本项目将系统地介绍3D打印岗位在产业链中的任务以及3D打印岗位详细的岗位职责与工作任务。

【项目目标】

(1) 熟悉3D打印产业链及相关岗位。

(2) 理解3D打印岗位职责和工作任务。

【知识目标】

(1) 掌握3D打印生产流程。

(2) 熟悉3D打印从业人员工作岗位及能力要求。

(3) 了解3D打印从业人员的职业素养。

【能力目标】

(1) 能表达3D打印生产人员工作内容和能力要求。

(2) 能动手操作3D打印模型设计软件。

(3) 了解国内外知名3D打印企业。

【素养目标】

(1) 培养学生的学习方法、学习策略和学习技能，使其能够有效地获取和整合知识。

(2) 培养学生有效沟通和表达的能力、团队合作能力，使其能够与他人有效地交流和合作。

8.1　3D打印岗位概述

一、课堂引入

增材制造（3D打印）产业链上游以3D打印技术研发、材料开发为主，产业链中游以3D打印机的研发生产为主，产业链下游以3D打印机营销、售后和提供3D打印服务为主。3D打印行业人才需求按企业所处的行业层次可以分为四种类型：一是上游技术和材料研发企业所需的3D打印技术研究、材料开发人才；二是中游设备生产商所需的3D打印机生产研发人才；三是中下游服务商所需的客户技术支持、售后服务以及3D打印服务等方面的设备应用型人才；四是下游设备和服务商所需的3D打印营销型商业人才。本书以3D打印产品的生产流程为切入点详细介绍以上四种类型人才需求在3D打印行业的分布情况。

二、相关知识

1. 3D打印生产流程

一个3D打印产品的生产周期分为设计和绘制产品模型，配置产品加工参数和确定加工工艺，使用3D打印设备进行加工，加工后续处理，交付产品。如图8-2所示，在这个生产周期中，3D打印设计师负责产品设计和绘制产品模型，3D打印工程师负责配置产品的加工参数和加工工艺，3D打印设备操作员负责操作设备进行生产和设备的维护保养以及对3D打印产品的后处理。

2. 3D打印科研人员概述

从事3D打印技术的研发人员可分为3D打印算法研究、3D打印材料研发、3D打印设备研发和3D打印软件开发四类。算法研究类科研人员主要从事3D打印相关算法的研发和现有算法的优化，如头轨迹算法、运动控制算法、加工仿真优化算法等。材料研发类科研人员主要是研究3D打印的材料，除了改良已有材料，还有研发各种新的材料。随着近几年3D打印

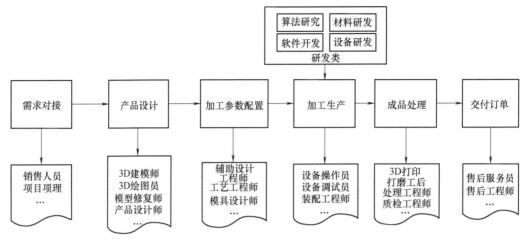

图 8-2　3D 打印产品生产流程及岗位对应图

在生物医学方面的应用和研究越来越深入，医学专业和生物学专业的 3D 打印生物材料方向逐渐受到重视。设备研发类人员主要是研究 3D 打印机工作原理以及硬件结构设计。软件开发类人员主要是从事硬件设备服务的软件开发与维护，3D 打印切片软件和建模软件等的开发，以及 3D 打印机与计算机连接所需的底层接口的编写等。

三、3D 打印生产人员工作内容和能力要求

3D 打印销售人员需要与客户对接需求，应了解 3D 打印的相关基础知识，同时可以将客户需求整理成文档，供产品设计师参考。

3D 打印设计师应具备绘制数字三维模型的技能（3D 打印建模），熟练掌握数字三维模型设计的软件，能够进行二维图的设计和绘制，以及三维模型的构建和渲染，除此之外还应掌握逆向建模和模型修复技术。

3D 打印工程师的主要职责是配置产品的工艺参数和优化加工工艺，由于 3D 打印机无法直接识别建模软件导入的文件，需要使用切片软件进行切片设置导出 3D 打印机可以识别的文件，3D 打印工程师需要在切片软件里进行预打印产品的参数设计。常用的切片软件有 Cura、Simplify 3D、Slic3r、Reptier、magics 等。3D 打印机只是生产制造工具，而 3D 建模和切片确保 3D 打印产品的效率和质量，只有良好的参数配置才能操作打印机制造出让人满意的产品。

3D 打印设备操作员的主要职责是负责产品的生产和加工以及生产设备的维护和保养。拥有了打印机可以识别的数据，设备操作员就可以进行上机操作进行生产加工，不同技术类型的 3D 打印机的操作是完全不同的。设备操作员必须掌握相应设备的基本原理和操作规程。

操作设备最主要的在于设备工作前的调试，如：平台是否水平？料槽是否注满？打印头是否正常等？如果发现有问题，设备操作员要及时地处理和维护。其中维护工作要求要对 3D 打印机的生产和装配流程熟悉，对 3D 打印机的结构和相关原理也必须熟悉，所以除了学习打印机的操作以外，还要掌握 3D 打印机的工作原理以及生产装配流程。

后处理工程师的主要职责是让打印出来的产品更加完美，需要掌握的就是模型的后处理技术，打印出来的模型还需要进行相关的后处理工作。现在随着 3D 打印技术的发展，有很多后处理方式，可以让成形后零件的状态更好，满足使用要求。这些方式包括拼接、上色、修补、去支撑、打磨抛光等。

售后工程师的主要职责是解决客户在产品使用中出现的问题，同时将收集到的问题反馈给 3D 打印工程师，从而对产品进行优化迭代升级。

四、视频讲解

8.1

五、课堂讨论

请同学们根据自己对3D打印的理解，分组讨论以下问题：

1）增材制造（3D打印）产生的产业链是指什么？查阅相关资料，分析我国的增材制造（3D打印）产业布局。

2）国内外比较有名的3D打印研究团队有哪些？

3）3D打印行业如何实现可持续发展？

六、思考与练习

1）3D打印生产的流程有哪些？

2）3D打印技术的研发人员有哪几类？

3）3D打印生产人员的能力要求有哪些？

8.2　3D打印从业人员的职业素养

一、课堂引入

在产品生产的过程中，3D打印产品的模型设计以及相关加工工艺参数的配置，可保证产品的实用性和功能性，这些都是依托于产品设计师和3D打印工艺工程师等负责产品设计和加工的人员来实现的；3D打印产品的设计生产制造还依赖于能够加工出符合市场需求的3D打印设备，好的设备可以为企业带来高效益，有关设备的设计、维护和维修人员可保障生产的顺利进行；同时推广3D打印产品以及产品质检员、生产管理员也是保证产业高速健康发展的关键一环。

因此，本任务将3D打印行业的岗位分为三类，分别是增材制造模型设计与加工类岗位、设备操作与维护类岗位和质检、管理、销售等其他类岗位。

二、3D打印行业的岗位

1. 增材制造模型设计与加工类岗位描述

模型设计与加工类岗位，主要面向增材制造模型设计领域的产品设计、产品制造、设备维修、3D打印服务和三维建模服务等领域，在产品设计、增材制造工艺设计、增材设备操作、质量与生产管理等岗位，从事三维建模、数据处理、产品优化设计、增材制造工艺制订、3D打印件制作、产品质量分析检测等工作，也可从事增材制造技术推广、实验实训和3D打印教育科普等工作。针对汽车、机械制造、钢铁冶金、石油、轻工、医疗器械、包装、礼品工业、钟表、服装、化妆品、烟草、家用电器、光通信、视听、航天航空等行业从事产品设计、3D建模、3D测量、3D打印制造、模具设计、产品设计、工业设计与加工制造工作。

2. 设备操作与维护类岗位描述

设备操作与维护类岗位，主要面向机械装备开发与制造、产品设计与制造、设备制造与维修、航天航空、医疗等行业企业，涉及增材制造技术应用、技术服务及生产管理领域，从事产品原型制作与开发、设备操作、加工、制造工艺设计与制订、设备管理与维护等岗位工作，也可从事增材制造技术推广、销售、教育培训、技术咨询等岗位工作。

3. 质检、管理、销售等其他类岗位描述

除模型设计与加工、设备操作与维护外，还有一些从事 3D 打印设备检测、产品质量检测与控制、销售、经营管理等岗位工作。这些岗位一般要求员工具备较好的工作素养，如：能适应短期出差；有良好的沟通技巧、服务意识，以及灵活应变能力；踏实认真进取，有责任心，有拼搏及团队精神。部分岗位还要求员工熟悉设备设计研发/制造流程或具备项目管理的专业知识和技能。

三、岗位的等级划分

1. 增材制造模型设计与加工类岗位等级划分

（1）增材制造模型设计与加工的初级岗位

1）典型岗位：3D 建模技术员、3D 产品绘图员。

2）要求：能遵守安全规范，熟悉 3D 打印技术原理，掌握基于实体特征零件的正逆向混合模型设计；掌握民用级 FDM 工艺、LCD 工艺或 SLA 工艺增材制造设备操作技能，包括其数据处理、工艺编写、设备操作、后处理。

3）可考证书：增材制造模型设计职业技能证书（初级）、3D 打印造型师（初级）。

（2）增材制造模型设计与加工的中级岗位

1）典型岗位：模型修复师、产品设计师、模具设计工程师、3D 打印工艺工程师、计算机辅助设计工程师、后处理助理工程师。

2）要求：掌握基于曲面特征零件的正逆向混合建模，能够进行数据修复；在掌握初级增材制造设备操作技能基础上，掌握工业级 LCD 工艺、SLA 工艺或 SLM 工艺设备操作技能，包括其数据处理、工艺卡编制、设备操作、质量控制、相应工艺后处理。

3）可考证书：增材制造模型设计职业技能证书（中级）、3D 打印造型师（中级）。

（3）增材制造模型设计与加工的高级岗位

1）典型岗位：产品设计工程师、模具工程师、工艺工程师、后处理工程师、医学 3D 打印工程师。

2）要求：掌握基于曲面与实体混合特征零件的正逆向混合建模，具备产品结构设计与优化的能力；掌握金属、非金属材料的粉材、丝材增材制造工艺及设备操作，包括其数据处理、工艺编写、设备操作、质量检测和产品性能提升；能够根据材料、打印件要求，选择增材制造工艺与装备；能完成常见故障的诊断与维修，打印机设备的安装与调试。

3）可考证书：增材制造模型设计职业技能证书（高级）、3D 打印造型师（高级）。

2. 设备操作与维护类岗位等级划分

（1）增材制造设备操作与维护的初级岗位

1）典型岗位：3D 打印机设备和特种生产设备操作技术员、装调技术员。

2）要求：遵守安全操作规范，掌握基本的增材制造工艺（至少一种类型的增材制造工艺，其工艺含但不限于光聚合、材料挤出），包括设备的参数设置与调试、数据处理与设备操作、产品后处理与检测；能够依据维护手册对增材制造设备进行日常保养与维护。

3）可考证书：增材制造设备操作与维护职业技能证书（初级）。

（2）增材制造设备操作与维护的中级岗位

1）典型岗位：装配工程师、维护维修技术员。

2）要求：遵守安全操作规范，掌握多种增材制造工艺（两种及以上类型的增材制造工艺，其工艺含但不限于光聚合、材料挤出、粉末床熔融），包括材料选择、制造工艺制订、多种设备的参数设置与调试、数据处理与设备操作、产品后处理与配作、快速原型制作与品控；能够依据维护手册对增材制造设备进行典型故障处理、定期保养与维护。

3）可考证书：增材制造设备操作与维护职业技能证书（中级）。

（3）增材制造设备操作与维护的高级岗位

1）典型岗位：3D打印应用工程师、3D打印机安装调试员。

2）要求：遵守安全操作规范，掌握综合性的增材制造工艺［多种类型的（要求三种及以上）复杂增材制造工艺，其工艺含但不限于光聚合、材料挤出、粉末床熔融、定向能量沉积；涉及材料应含但不限于金属、聚合物、陶瓷类材料中的两类及以上］，包括材料选择与工艺制订、多种设备的参数设置与优化、数据处理与结构优化、产品后处理与配作、小批量快速制造；能够及时发现增材制造设备问题并对出现的异常情况进行分析与应对处理。

3）可考证书：增材制造设备操作与维护职业技能证书（高级）。

3. 质检、管理、销售类岗位要求

（1）质检工程师

1）熟悉掌握设备电气、结构、装配相关国家标准和验收规范。

2）协助部门负责人进行质量管理，执行质量管理有关公司内部质检制度。

3）定期按照国标规范要求及结合公司管理目标，及时参与完善和新增各项管理制度及检验标准。

4）熟练掌握质量体系的规范办法，组织贯彻执行质量管理标准/熟悉质量检验知识与质量控制方式。

5）负责协助部门组织项目进行质量管理培训，指导项目按照公司质量管理体系进行项目管理，贯彻质量体系要求。

6）负责检验用仪器设备的日常使用和维护、保养工作。

7）负责项目质量事前、事中、事后质量检查、验收工作，对质量情况进行记录、报告并跟踪检查、督促质量问题整改。

8）负责公司主要产品的原材料、半成品、成品及项目现场施工装配等检验工作。

（2）生产管理员

1）生产计划制订及执行跟踪。

2）产能预定、调整及分析，工厂产能协商，日常关系维护。

3）生产下单、回货、入库、对账，外包厂出货资料分析。

4）生产交期管理，在制品数据分析，生产交期的对接、协调、反馈。

5）采购订单及合约管理，合理分析相关资讯，及时地跟踪和达成产品交付任务。

6）库存及外包生产物料管理。

7）部门间协作，有效沟通及对接，分析产销数据，达成产销目标。

（3）项目管理师

1）协助项目级管理工作，包含推进跟踪项目进度，协调项目资源，主导项目启动和验收环节。

2）积累和沉淀项目管理经验和方法，开展相关培训。

3）深入业务，支持各部门日常项目进展，推进项目落地。

4）持续发现和分析业务、团队、项目中的共性问题，并进行改进落地。

5）建立和优化管理流程，推进流程落地。

6）推进建立学习、协作、计划和复盘的文化和管理体系。

（4）3D 打印产品销售工程师

1）负责产品的售前及售后支持、技术方案编写、产品介绍和客户问题答疑等。

2）收集和反馈客户的需求和意见，积极协助客户进行相关问题排查和反馈解决。

3）负责客户现场产品安装部署、调试、演示及培训指导。

4）通过与客户的沟通，能够有效分析和评估客户需求，协助编写解决方案。

5）定期对主要客户进行技术寻访，并与客户建立良好的工作关系。

四、视频讲解

8.2

五、课堂讨论

请同学们根据自己对 3D 打印从业人员职业素养的理解，分组讨论以下问题：

1）3D 打印行业的人员有哪几类？

2）大家最想从事的 3D 打印工作岗位是什么？为什么？

3）在系统学习了 3D 打印行业相关知识之后，如何做好职业规划？

六、思考与练习

1）对 3D 打印从业人员三类岗位的具体要求进行描述。

2）3D 打印行业中可以考取的职业资格证书有哪些？

3）3D 打印行业如何和其他行业进行融合？

8.3 基于 COMET 能力模型的 3D 打印技术应用案例

一、测试任务：旧阳台改造

1. 情景描述

小张近期购买了一套坐北朝南的二手房，有一个露天的阳台，如图 8-3 所示，阳台地板开裂严重，栏杆锈蚀老化、变形明显、极不安全。小张找到 M 公司，请求帮忙对阳台进行改造。

M 公司派人到现场进行勘察，进一步了解到如下具体情况：

1）小张所购买房子为顶层，现阳台没有顶棚，没有晾衣架，没有照明。

2）所在楼栋总高 4 层，临街而坐，楼下设有早市，早上 6：00～9：00 之间摊位密集，人流拥挤。

3）现有阳台的长度为 4.5m，外伸宽度约 1.5m，没有排水装置，底部支撑结构完好、牢靠，可以继续使用。

4）小张要求阳台照明灯具一定要符合房子风格，灯罩要求有独创性。

5）物业要求不能破坏房子的原有风格，并且要求只能做成半封闭阳台，阳台尺寸不得向外扩张。

6）小张希望在五天之内完成阳台的改造。公司领导考虑到公司 3D 打印机在使用中可能会遇到的问题造成工期延误，要求相关部门根据公司现有资源（现有材料设备有金属管材、3D 打印机及其打印材料等，其中：设备主要有 CT-300、CT-005；耗材主要有 PLA、ABS、PETG、TPU、光敏树脂等），分别制订最近曾经出现以下机器故障问题的解决预案：①FDM 机器 CT-300 在使用过程中，机器出现不执行打印动作、喷头不出料问题；

图 8-3　阳台

②LCD 机器 CT-005 在使用过程中，机器无法上传文件和界面一直显示正在打印中。解决方案可参考附件中 CT-300、CT-005 典型故障分析解决方法。

2. 任务要求

请你作为公司派出的项目经理，在充分考虑客户要求的前提下，完成一个用时短且结构合理、美观耐用、符合经济环保理念的解决方案，并尽可能详细拟订工作计划、设计制作方案、生产流程、成本分析等事项；同时对安装和施工中可能遇到的问题及对策进行简要说明。假如你还有其他备选方案，也请你全面详细地陈述你的备选方案并说明理由。

3. 劳动工具与辅助工具

比赛期间只允许带笔和尺（绘图/表用）进现场（注：平时测评时可以使用手册、专业书籍、装有相关应用软件的计算机、计算器及有相关设备等，也可以上网查取相关资料）。

二、附件：解决方案参考资料

（一）问题解决空间

1. 直观性/展示性

1）是否给出并详细讲解了装配示意图和其他示意图？

2）是否编写出一份一目了然的所用材料及部件的清单（如表格）？

3）图形、表格、用词等是否符合专业规范？

2. 功能性

1）从技术观点看，装配解决方案是否合理有效？

2）所设计的工作/装配流程是否合理？

3）所列的解释和描述在专业上是否正确？

4）是否能识别出各种解决方案的优缺点？

3. 使用价值导向

1）解释和草图是否能让外行人也能看得懂？

2）所设计的方案是否易于实施？

3）是否提出了超出客户愿望之外的合理建议？

4）是否交给用户一份说明书，使其了解当使用过程出现问题时如何应对？

4. 经济性

1）是否考虑到各种解决方案的费用和劳动投入量？

2）施工方案是否具有经济性？

3）在提出的多种方案中选择这种方案的理由是什么？

4）在多大程度上考虑了节能/环保问题？

5. 工作过程导向

1）在解决方案中是否考虑到了客户的要求？

2）在确定施工工艺时，是否考虑了后期的维护与保养？

3）计划中是否考虑到如何向客户移交？

4）是否有时间进度、人员安排的工作计划？

6. 社会接受度

1）是否考虑到安全施工、事故防范的内容？

2）方案中有否人性化设计（如工作环境、场地设施）、关注员工身体健康和方便操作？

7. 环保性

是否考虑了废物（包括原装置未损坏部分）再利用及是否考虑了解决施工产生废料的妥善处理办法？

8. 创造性

方案（包括备选方案）在多大程度上回应了客户提出的问题和是否想到过创新的解决方案？

（二）设备使用中典型故障分析处理参考资料

1）3D 打印机 CT-300 典型故障分析解决方法见表 8-1。

表 8-1　CT-300 典型故障分析解决方法

序号	故障描述	故障分析	解决方法
1	达到打印温度机器无动作	查看打印文件名是否有中文名或特殊符号	重新设置文件名为数字、字母
		查看打印文件代码是否完整	重新生成文件，重新导出打印文件并检查打印代码的完整性
		查看断料检测开关是否亮起	检查断料线路连接情况，重新安装耗材
		查看 USB 线路	重装 USB 延长线，并检查 U 盘是否完好
2	打印开始无耗材挤出	耗材是否装填到位	装填耗材，并确保加热装填后耗材可以挤出
		是否进行了调平	按照说明进行调平操作
		出料通道是否阻塞	确定是否堵塞，若有按照说明进行清理
3	打印开始超出打印范围	软件设置尺寸是否正确	检查软件设置尺寸是否正确，并重新导出文件
4	打印中模型未黏在平台上	确认调平过程中，喷嘴和平台间隙是否太大	重新调平，标准为 A4 纸能感觉有轻微刮痕
5	底部支撑总是黏不住、容易倒	支撑和平台接触面积太小	在切片时给模型加底座
6	打印过程中自动停止	切片文件是否完整导出来	切片不成功或没完全导出，重新切片或等待导出进度缓冲完成即可
		数据传输问题	U 盘打印过程中传输文件中断，更换 U 盘即可

2）3D 打印机 CT-005 典型故障分析解决方法见表 8-2。

表 8-2 CT-005 典型故障分析解决方法

序号	故障描述	故障分析	解决方法
1	无法上传文件	查看 U 盘是否能正常读出	尝试更换 U 盘
		查看打印文件格式是否正确	重新导入 U 盘中的打印文件
		打印机内是否有同名文件	删除打印机内的同名文件或改写文件名
		机器系统出现问题	重启机器
		打印文件是否完整	重新生成打印文件,重新导入
2	选择打印文件不执行或一直显示正在准备打印文件	上传文件中文件损坏	重新上传文件
		打印文件 ID 和机器 ID 不同	在软件中输入机器 ID 重新生成文件
		机器系统出现问题	重启机器
3	切片时显示磁盘已满	检查导出文件占用内存是否过大	更换更大内存的 U 盘
		切片过程中文件损坏	重新切片
4	模型总是黏不住,平台上面没有模型	切片软件中贴合底板功能确认是否有勾选	切片时,模型保存之前,勾选贴合底板功能
		确认切片时支撑是否加好	重新切片,保证有足够的支撑
		确认曝光时间是否过短	重新切片,适当增加曝光时间参数,可以用 2s 为梯度递增
		检查平台是否水平	重新调平

三、旧阳台改造实施方案

1. 准备工作

公司根据委托方要求，经过现场勘查后，针对本次任务成立了项目小组，我接受公司委派担任项目组组长。接受任务后，马上召集项目组成员开会，经研讨明确如下要点：

1）由于该阳台处于顶层，新设计的阳台需考虑防水问题。

2）由于楼下设有早市，在施工期间应保证人员安全，防止坠物，注重安全、环保和降噪降尘。

3）由于没有排水装置，施工期间应考虑增加排水装置。

4）应客户要求，新设计的灯具需具有独特性，并符合房子风格，新建的阳台风格保持不变，尺寸在原本基础之内。

5）针对打印机最近常见的故障制订处理预案。

2. 制订技术方案

（1）修复方案一

1）思路：利用原本底部支撑作为基础，对阳台地板进行重新修整；利用不锈钢钢管对阳台栏杆进行替换；屋顶利用复合彩钢板作为主要材料；利用 3D 打印制作灯罩外壳；标准件外购。

2）主要材料清单见表 8-3。

3）阳台设计。阳台的屋顶和两侧均用复合彩钢板进行修复，使阳台为半封闭阳台。复合彩钢板具有防水、阻燃、轻盈等特点，安装方式极其简单便捷，可大大节省工期。在安装复合彩钢板前需要对阳台的墙面进行钻孔，下入膨胀螺栓，以固定彩钢板。对阳台地板进行拆除，利用水泥进行修复。为了保证阳台风格不变，利用不锈钢钢管对原有栏杆进行替换。设计方案如图 8-4 所示。

表 8-3　主要材料清单

序号	材料名称	用量	备注
1	水泥	1 袋	外购
2	不锈钢钢管	20m	外购
3	复合彩钢板	4.8m×1.7m	外购
4	灯罩	2 个	3D 打印自制
5	膨胀螺栓	50 个	外购

4）3D 打印灯罩设计。由于阳台没有照明灯具，而客户要求增加的灯具要符合房子风格，并且具有独特性，因此采用 3D 打印技术制作灯罩外壳。选择韧性、刚性相对均衡，硬度适当的 ABS 作为打印材料。灯罩设计方案如图 8-5 所示。

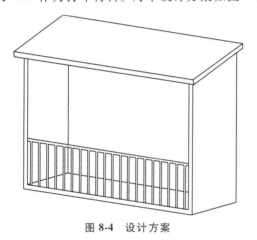

图 8-4　设计方案　　　　　图 8-5　灯罩设计方案

5）制订打印机最近常见故障处理预案。

① 针对"FDM 机器 CT-300 在最近的使用过程中，曾经出现机器不执行打印动作、喷头不出料"问题，制订的分析处理步骤为：a. 查看打印文件名是否有中文名或特殊符号，有则需要重新设置文件名为数字、字母；b. 查看打印文件代码是否完整，否则需要重新生成文件，重新导出打印文件并检查打印代码的完整性；c. 查看断料检测开关是否亮起，亮则检查断料线路连接情况，重新安装耗材；d. 查看 USB 线路，重装 USB 延长线，并检查保证 U 盘完好。以上各步骤，若问题解决则终止，否则就继续下一个步骤。

② 针对"LCD 机器 CT-005 在最近的使用过程中，曾经出现机器无法上传文件和界面一直显示正在打印中"问题，制订的分析处理步骤为：a. 重新上传文件；b. 在软件中输入机器 ID 重新生成文件；c. 重启机器。

6）成本预算见表 8-4。

表 8-4　成本预算

序号	名称	数量	设计制作方案	预算/元
1	水泥	1	外购	20
2	不锈钢钢管	20m	外购	500

（续）

序号	名称	数量	设计制作方案	预算/元
3	复合彩钢板	4.8m×1.7m	外购	650
4	灯罩	2个	自制	15
5	膨胀螺栓	50个	外购	45
6	制造施工安装			300
合计				1530
备注	另有方案设计费300元、现场技术员及管理费500元，项目总收费2330元。			

7）对本次执行任务的评价。对照 COMET 评分表，对该工作过程按8个模块40个观测点逐一打分。职业能力测评评分表见表8-5。

表8-5　职业能力测评评分表

能力模块	序号	评分项说明	完全不符	基本不符	基本符合	完全符合
（1）直观性/展示	1	对委托方（客户）来说，是否详细讲解了解决方案，图样的表述是否容易理解？			2	
	2	对专业人员来说，是否恰当地描述了解决方案？				2.5
	3	是否编写出一份一目了然的所用材料及部件的清单？				2.5
	4	图形、表格、用词等是否符合专业规范？			2	
	5	解决方案是否与专业规范或技术标准相符合？（从理论、实践、制图、数学和语言方面）			2	
（2）功能性	6	从技术观点看，装配解决方案是否合理有效？				2.5
	7	所设计的工作/装配流程是否合理？			2	
	8	解决方案是否考虑了功能扩展的可能性？				2.5
	9	是否达到"技术先进水平"？				2.5
	10	是否能识别出各种解决方案的优缺点？				2.5
（3）使用价值导向	11	解释和草图是否能让外行人也能看得懂？			2	
	12	所设计的方案是否易于实施？			2	
	13	解决方案是否提供方便的后续服务？			2	
	14	对于使用者来说，解决方案是否方便、易于使用？				2.5
	15	对于委托方来说，解决方案（如设备）是否具有使用价值？				2.5
（4）经济性	16	施工方案是否具有经济性？			2	
	17	时间与人员配置是否满足实施方案的要求？				2.5
	18	在提出的多种方案中选择这种方案的理由是什么？				2.5
	19	是否考虑了后续成本？说明理由			2	
	20	有多大程度考虑了节能/环保问题？			2	
（5）工作过程导向	21	在解决方案中是否考虑了客户的要求？				2.5
	22	在确定施工工艺时，是否考虑了后期的维护与保养？				2.5
	23	计划中是否考虑了如何向客户移交？			2	
	24	解决方案是否反映出与职业典型的工作过程相关的能力？				2.5
	25	是否有一个包括时间进度、人员安排的工作计划？			2	

（续）

能力模块	序号	评分项说明	完全不符	基本不符	基本符合	完全符合
（6）社会接受度	26	是否考虑了安全施工、事故防范的内容？			2	
	27	方案中有无人性化设计（如工作环境、场地设施）？是否关注员工身体健康和方便操作？			2	
	28	是否考虑了人体工程学方面的要求？说明理由			2	
	29	是否考虑了当地社会的风土人情？		1		
	30	解决方案在多大程度上考虑了对社会造成的影响？				2.5
（7）环保性	31	是否考虑了环境保护方面的相关规定？说明理由				2.5
	32	解决方案中是否考虑了所用材料符合环境可持续发展的要求？				2.5
	33	解决方案在多大程度上考虑了环境友好的工作设计？				2.5
	34	是否考虑了废物的回收和再利用？说明理由			2	
	35	是否考虑了节能和能量效率的控制？		1		
（8）创造性	36	方案有多大程度回应了客户提出的问题？是否包括创新的解决方案？		1		
	37	如何体现方案的创新性？		1		
	38	解决方案是否显示出对问题的敏感性？		1		
	39	解决方案中，可从哪些角度进行创新？			2	
	40	如果不考虑成本，是否有更具创新同时又更有意义的解决方案？			2	
		小计	0	5	36	42.5
		合计	83.5			

从表8-5中可以看出，合计得分为83.5分，综合职业能力达到中上水平。其中，8个模块得分分别为11、12、11、11、11.5、9.5、10.5、7。创新性模块得分最低，仅为7分，具体表现是按照修复方案一安排工作程序，没有根据具体情况有创新性调整工作程序。另外，虽有一些创新设计，但在材料环保性和耗材的可持续性方面还可提升。

（2）修复方案二　在方案一的基础上，将照明灯电源改成太阳能电池供电形式，因此成本需增加太阳能电池费用120元，故方案二总收费2450元。

3. 确定方案

经与委托方沟通，最后选定方案二。

4. 制订施工方案

1）施工安装现场要进行相应的安全围挡处理，贴挂相应的安全标识牌，安装时间不可在早上6：00—9：00期间，所有施工在4天内结束。

2）施工技术人员应具备相应的施工安装技术资格资质。

3）现场工作人员应做好相应安全措施，如佩戴手套、安全帽等。

4）所回收报废零部件应按照相关规定进行回收分类处理。

5）钻孔应做好相应的降尘减噪措施，如湿水施工、佩戴口罩等。

6）为减小对日常工作影响，施工时间尽量选择在晚上下班后进行，同时合理设置备用临时通道。

7）除安排有施工技术人员和普通钳工外，还主要安排有土建工处理降低人工操作地板问题。

8）项目修复完成预计时间 3 天。

5. 实施

按拟订的施工方案实施，重点关注安全、环保、健康等问题。

6. 竣工验收交付使用

装调试用合格后，请委托方派人验收，并签订验收单。最后出具包含有使用注意事项、服务三包等内容的使用说明书，并对委托方口头做相应解释。

四、视频讲解

8.3

参 考 文 献

[1] 卢秉恒. 创新驱动增材制造的发展 [J]. 改革与开发, 2014 (15): 2-3.

[2] 史玉升. 3D 打印技术概论 [M]. 武汉: 湖北科学技术出版社, 2016.

[3] 杨振贤, 李方, 潘学松. 3D 打印: 从全面了解到亲手制作 [M]. 2 版. 北京: 化学工业出版社, 2021.

[4] 王广春, 赵国群. 快速成型与快速模具制造技术及其应用 [M]. 3 版. 北京: 机械工业出版社, 2019.

[5] 王永信. 快速成型及真空注型技术与应用 [M]. 西安: 西安交通大学出版社, 2014.

[6] 原红玲. 快速制造技术及应用 [M]. 北京: 航空工业出版社, 2015.

[7] 辛志杰. 逆向设计与 3D 打印实用技术 [M]. 北京: 化学工业出版社, 2017.

[8] 杨晓雪, 闫学文. Geomagic Design X 三维建模案例教程 [M]. 北京: 机械工业出版社, 2016.

[9] 杨伟群. 3D 设计与 3D 打印 [M]. 北京: 清华大学出版社, 2015.

[10] 赖周艺, 朱铭强, 郭峤. 3D 打印项目教程 [M]. 重庆: 重庆大学出版社, 2015.

[11] 黄文恺, 伍冯洁, 吴羽. 3D 建模与 3D 打印快速入门 [M]. 北京: 中国科学技术出版社, 2016.

[12] HORVATH J. 3D 打印技术指南: 建模、原型设计与打印的实战技巧 [M]. 张佳进, 张悦, 谭雅青, 等译. 北京: 人民邮电出版社, 2016.

[13] 蔡晋, 李威, 刘建邦. 3D 打印一本通 [M]. 北京: 清华大学出版社, 2016.

[14] 付丽敏. 走进 3D 打印世界 [M]. 北京: 清华大学出版社, 2016.

[15] 张盛. 数字雕塑技法与 3D 打印 [M]. 北京: 清华大学出版社, 2019.

[16] 徐旺. 3D 打印: 从平面到立体 [M]. 北京: 清华大学出版社, 2014.

[17] 中国机械工程学会. 3D 打印打印未来 [M]. 北京: 中国科学技术出版社, 2013.

[18] 周伟民, 闵国全. 3D 打印技术 [M]. 北京: 科学出版社, 2016.

[19] 刘勇利. 浅谈 3D 打印技术在产品设计中的应用 [J]. 中国新技术新产品, 2013 (23): 1.

[20] 王毓彤, 章峻, 司玲, 等. 3D 打印成型材料 [M]. 南京: 南京师范大学出版社, 2016.

[21] 邵中魁, 姜耀林. 光固化 3D 打印关键技术研究 [J]. 机电工程, 2015, 32 (2): 180-184.

[22] 王运赣, 王宣. 3D 打印技术: 修订版. [M]. 武汉: 华中科技大学出版社, 2014.

[23] 杨洁, 刘瑞儒, 霍惠芳. 3D 打印在教育中的创新应用 [J]. 中国医学教育技术, 2014 (1): 10-12.

[24] 丁红瑜, 孙中刚, 初铭强, 等. 选区激光熔化技术发展现状及在民用飞机上的应用 [J]. 航空制造技术, 2015 (4): 102-104.